计算机组成原理实验教程

张雯雰 **主** 编

朱卫平　肖　娟 **副主编**

清华大学出版社

北京

内 容 简 介

本书内容分为两大部分,第一部分是实验与课程设计,包括实验平台介绍以及全加器、运算器、存储器、总线与微命令、累加器、程序计数器、微程序控制器、简单模型机、微程序设计九个实验和一个模型机课程设计。第二部分是相关知识点,对实验涉及的概念和相关知识进行了介绍,帮助读者进一步理解实验过程。

本书注重思维的引导,提问和设计性元素较多,鼓励独立思考,着重解决问题能力和动手能力的培养。本书与多思网络虚拟实验系统配合,可开展线上实验教学。

本书可作为高等院校计算机及相关专业学生的实验教材或参考书,也可作为教师案例教学用书。

图书在版编目(CIP)数据

计算机组成原理实验教程/张雯雯主编.—北京:清华大学出版社,2021.10 (2024.7重印)
ISBN 978-7-302-58456-8

Ⅰ.①计… Ⅱ.①张… Ⅲ.①计算机组成原理－实验－高等学校－教材 Ⅳ.①TP301-33

中国版本图书馆 CIP 数据核字(2021)第 118438 号

责任编辑:聂军来
封面设计:常雪影
责任校对:袁 芳
责任印制:沈 露

出版发行:清华大学出版社
　　　　网　　　址:https://www.tup.com.cn, https://www.wqxuetang.com
　　　　地　　　址:北京清华大学学研大厦 A 座　　　　邮　　编:100084
　　　　社 总 机:010-83470000　　　　　　　　　　邮　　购:010-62786544
　　　　投稿与读者服务:010-62776969, c-service@tup.tsinghua.edu.cn
　　　　质量反馈:010-62772015, zhiliang@tup.tsinghua.edu.cn
　　　　课件下载:https://www.tup.com.cn,010-83470410
印 装 者:三河市君旺印务有限公司
经　　销:全国新华书店
开　　本:185mm×260mm　　　　印　张:10.25　　　　字　数:244 千字
版　　次:2021 年 10 月第 1 版　　　　　　　　　印　次:2024 年 7 月第 5 次印刷
定　　价:39.90 元

产品编号:092902-02

FOREWORD

前 言

　　"计算机组成原理"是高等院校计算机相关专业的一门重要的专业基础课程,讲授计算机系统的组成和工作原理。本书作为"计算机组成原理"课程的实验教程,旨在通过循序渐进的实验过程,帮助读者深入理解课堂讲授内容,培养读者的动手能力、设计能力和解决问题的能力。

　　本书是针对多思计算机组成原理网络虚拟实验系统编写的。该系统由本书主编设计开发,支持电路设计,采用 GPL 开源许可协议,能够以 B/S 模式运行,也可单机运行。使用该系统,不需要任何实验箱,只要 1 台计算机就可以随时随地做实验。

　　本书遵从循序渐进的原则,先进行计算机的单个部件或多部件组合实验,掌握各大部件的工作原理;然后进行简单模型机整机实验,使学生对计算机的组成和运行原理有一个全面了解;最后的模型机课程设计属于综合性、设计性实验,主要培养学生解决问题的能力。本书注重思维的启发与引导,实验中的提问和设计性元素较多,每个实验后面都有思考与分析题目。

　　为使理论与实践紧密结合,方便读者学习相关理论知识,本书的第二部分对相关概念和知识点进行了详细介绍,以便读者在实验之前进行预习,在实验中查阅解惑,在实验后总结和复习。

　　本书内容分为两大部分。第一部分是实验与课程设计,共 11 章。第 1 章为实验平台介绍,说明了系统的安装和使用方法,第 2～10 章分别为全加器、运算器、存储器、总线与微命令、累加器、程序计数器、微程序控制器、简单模型机、微程序设计九个实验的实验指导,每个实验都包括实验目的、实验要求、实验电路、实验原理、实验内容与步骤、思考与分析等内容。第 11 章为模型机课程设计,使用实验系统提供的各个组件,根据给定的指令集搭建一台模型机,设计其微指令系统,编写程序并运行。第二部分为相关知识点,共 6 章。第 12 章为计算机系统概述,主要介绍计算机硬件组成和计算机的工作过程;第 13 章为运算方法和运算器,主要介绍加法器和算术逻辑运算单元的原理;第 14 章为存储器系统,主要介绍存储器的组成和读写原理等;第 15 章为总线系统,主要介绍总线结构和仲裁;第 16 章为中央处理器(CPU),主要介绍 CPU 的结构、指令周期、数据通路、微程序控制器的组成以及微程序设计技术;第 17 章为指令系统,主要介绍指令格式、寻址方式等。

　　本书由张雯雳任主编,负责全书的编排、统稿和定稿工作,朱卫平和肖娟任副主编。主要编写人员的分工如下:张雯雳编写了第 1～11、15、17 章以及附录,朱卫平和肖娟编写了第 16 章,陆武魁编写了第 14 章,刘华艳编写了第 13 章,廖隽婷编写了第 12 章。

　　由于编者水平有限,书中不足之处敬请读者批评、指正。

编　者

2021 年 1 月

本书配套资源:教师用软件与课件　　　　本书配套资源:学生用软件与实验电路

CONTENTS

目 录

第一部分　实验与课程设计

第二部分 相关知识点

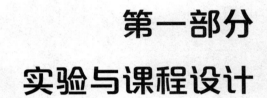

第一部分
实验与课程设计

第 1 章

实验平台介绍

本书使用的实验平台为多思计算机组成原理网络虚拟实验系统,它属于开源软件,采用 GPL 开源许可协议。

本系统基于 JavaScript、SVG 等浏览器客户端技术,系统结构简单,无须安装任何插件,既能以 B/S 模式运行,也可不加修改直接以单机方式运行,并且非常易于整合到其他综合性网络实验平台中。

本系统设计实现了多个经典实验,实验透明度较高。例如,对于关键的微程序控制器实验,没有屏蔽微程序控制器的内部电路,并将其抽象封装为一个组件,而是给出了一个由微地址生成逻辑、微地址寄存器、微程序存储器和时序产生器组成的具体电路,便于实验者了解控制器的工作原理,理解微指令中顺序控制部分的作用,为模型机与微程序设计打下基础。本系统具有高度的可扩展性,支持电路设计,便于设计性实验的开展。

1.1 系统安装

1. 运行环境

多思计算机组成原理网络虚拟实验系统有两种运行模式,即单机模式和 B/S 模式,其运行环境如下。

(1) 单机模式:Windows 10 操作系统、Edge 浏览器(兼容 FireFox、Chrome 和 360 浏览器)。

(2) B/S 模式:服务器安装 Windows 操作系统和 IIS 服务。客户机安装 Windows 10 操作系统和 Edge 浏览器(兼容 FireFox、Chrome 和 360 浏览器)。

2. 安装步骤

多思计算机组成原理网络虚拟实验系统属于绿色软件,安装非常简单。

在单机模式下,将程序压缩包解压,将解压后的文件夹复制到安装目的位置即可完成安装。双击文件夹里的 index.html 文件就可打开虚拟实验室主界面。

B/S 模式时,可按以下步骤安装和使用。

(1) 设置服务器的 IP 地址。

（2）将程序压缩包解压，在 IIS 中将解压后的程序文件夹配置为可访问的网站。

（3）在客户端浏览器的地址栏中输入服务器 IP 地址即可打开虚拟实验系统主界面。

3. 主界面

虚拟实验系统主界面包括菜单栏、工具栏、工具箱和工作区四个部分，如图 1-1 所示。其中，工具箱可以用鼠标拖动以改变其位置和大小，单击工具栏上的 ▼▼ 按钮可以隐藏或显示工具箱。

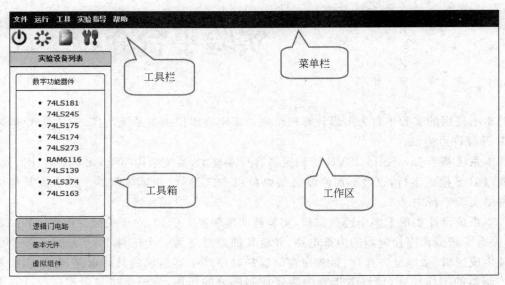

图 1-1　多思虚拟实验系统主界面

注意：在单机运行模式下打开主界面时，需要设置 Internet 选项，否则程序不能正常运行，B/S 模式下没有这个问题。方法为：打开"控制面板"→"网络和 Internet"→"网络和共享中心"→"Internet 选项"，在"高级"选项卡中勾选"允许活动内容在'我的电脑'的文件中运行"复选框。

1.2　电路绘制

1. 实验组件

组件生成：要在工作区生成需要的实验组件，只需将组件从工具箱拖到工作区即可。芯片引脚有四种颜色，表示四类不同的引脚：黑色为默认已经接好、不需要再连接的引脚，如接地、接电源的引脚；绿色为输出引脚；蓝色为输入引脚；紫色为输入/输出引脚，如图 1-2 所示。

组件移动：在组件中部非引脚区域单击鼠标左键并拖曳，可以移动组件，此组件的连接线会自动重新绘制以适应新位置。

组件删除：在组件中部非引脚区域右击，会弹出一个对话框询问是否要删除组件及其连接线，单击"确定"按钮后即删除。

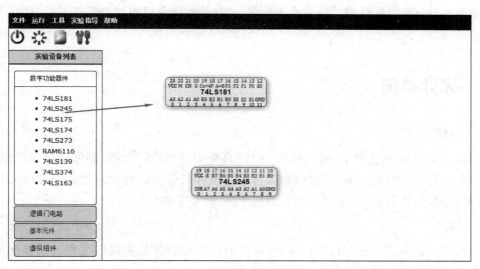

图 1-2　组件生成

　　工具箱中的实验设备分为四类：数字功能器件、逻辑门电路、基本元件和虚拟组件。其中，虚拟组件是屏蔽了内部电路，通过抽象、封装而成的组件，现实中没有真正的芯片与之对应，如 EPROM2716C3 是将三片 EPROM2716 进行位扩展组成的 24 位存储器组件。

　　查看芯片各引脚的值：双击芯片，在弹出的对话框中可以看到当前各引脚的值。0 表示低电平，1 表示高电平，2 表示不确定或其他值。

2. 连接线

　　绘制连接线：当鼠标移动到引脚上方，使得引脚背景色变为绿色时，表示已进入引脚拉线区域，此时可以拖曳鼠标引出一根连接线，当到达目标引脚的拉线区域时再放开鼠标，虚拟实验系统会自动在 2 个引脚之间生成一根连接线，如图 1-3 所示。

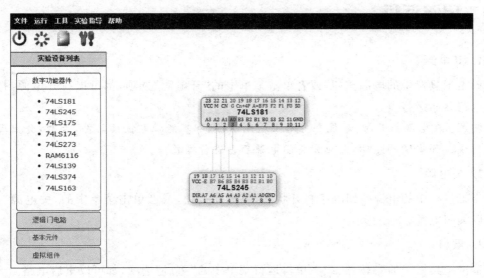

图 1-3　连接线生成

删除连接线：当鼠标移动到一根连接线上方时，此线会以粗红色线条表示，这时右击可以删除此连线。

1.3 文件操作

1. 新建

单击工具栏中的 ▨ 按钮，或者单击"文件"菜单中的"新建"选项，都可以执行新建操作。新打开的主界面默认处于新建文件状态，可以直接在工作区新建电路图。在工作区已经有电路图的情况下执行新建，会自动删除原有电路，清空工作区。

2. 打开

单击"文件"菜单中的"打开"选项，可以打开已经绘制好的电路图文件。在弹出的页面中单击"浏览"按钮，选择所需电路文件打开即可。

3. 保存

单击"文件"菜单中的"保存"选项，可以保存当前工作区电路图，如图 1-4 所示。

图 1-4　保存电路图

1.4 电路运行

1. 开电源

单击工具栏中的电源按钮，或者单击菜单中的"开电源"选项，都可以打开电源，打开电源后电路开始运行。

注意：在电源打开时，不能在电路上增删组件，即不能带电拔插器件，否则，会出现电路运行错误。如需增删组件，则应先关闭电源后再进行操作。

2. 关电源

当工具栏中的电源按钮处于打开状态，单击此按钮，或者单击菜单中的"关电源"选项，都可以关闭电源。

3. 重启

单击工具栏中的 ✳ 按钮，或者单击运行菜单中的"重启"选项，都可以重启电路。

1.5 使用工具

1. 存储器芯片读写

单击"工具"菜单中的"存储器芯片读写"选项,系统会打开"存储器芯片读写"界面,如图 1-5 所示。在"请选择欲读写的存储器芯片"下拉列表中选择所需要修改的芯片(只能读写在工作区中的存储芯片)。

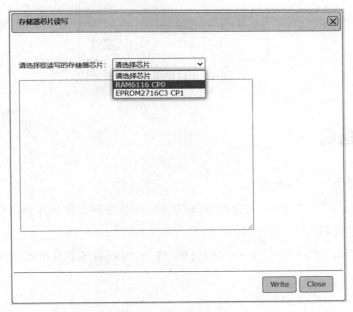

图 1-5 "存储器芯片读写"界面

此时如果单击选择 RAM6116 CP0,此芯片中存储的数据会在下方矩形框中显示,并且可以修改后重新写入。

2. 连接线颜色选择

单击"工具"菜单中的"连接线颜色选择"选项,系统显示如图 1-6 所示界面。

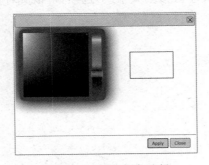

图 1-6 连接线颜色选择

在颜色选择区域选择好颜色后，单击"Apply"按钮即可保存修改。

3. 时钟周期设置

单击"工具"菜单中的"时钟周期设置"选项，弹出如图 1-7 所示的对话框。左右拖动滑动块可以设置时钟周期的大小。

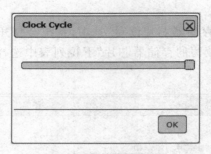

图 1-7　时钟周期设置

1.6　实验指导

1. 实验指导书

单击"实验指导"菜单中的"实验指导书"选项，可以查看实验指导书以及各实验的简介。

2. 实验器件资料

单击"实验指导"菜单中的"实验器件资料"选项，可查看各芯片的数据手册。

1.7　帮助

1. 查看帮助

单击"帮助"菜单中的"查看帮助"选项，可以查看本操作手册。

2. 关于虚拟实验系统

单击"帮助"菜单中的"关于虚拟实验系统"选项，可以查看本软件版权、开源许可协议等内容。

第2章

全加器实验

2.1 实验目的

(1) 熟悉多思计算机组成原理网络虚拟实验系统的使用方法。

(2) 掌握全加器的逻辑结构和电路实现方法。

2.2 实验要求

(1) 做好实验预习,复习全加器的原理,掌握实验元器件的功能特性。

(2) 按照实验内容与步骤的要求,独立思考,认真仔细地完成实验。

(3) 写出实验报告。

2.3 实验电路

本实验使用的主要元器件有与非门、异或门、开关、指示灯。

1 位全加器的逻辑结构如图 2-1 所示。

图 2-1 中涉及的控制信号和数据信号如下。

(1) A_i、B_i: 两个二进制数字输入。

(2) C_i: 进位输入。

(3) S_i: 和输出。

(4) C_{i+1}: 进位输出。

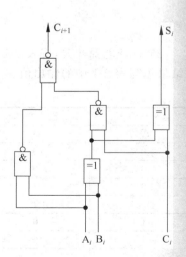

图 2-1 1 位全加器实验电路

2.4 实验原理

1 位二进制加法器有三个输入量：两个二进制数字 A_i、B_i 和一个低位的进位信号 C_i，这三个值相加产生一个和输出 S_i 以及一个向高位的进位输出 C_{i+1}，这种加法单元称为全加器，其逻辑方程如下：

$$S_i = A_i \oplus B_i \oplus C_i \tag{2-1}$$
$$C_{i+1} = A_i B_i + B_i C_i + C_i A_i$$

2.5 实验内容与步骤

（1）运行虚拟实验系统，从左边的实验设备列表选取所需组件拖到工作区中，按照图 2-1 所示搭建实验电路，得到如图 2-2 所示的实验电路。

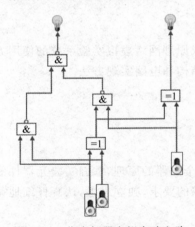

图 2-2　1 位全加器虚拟实验电路

（2）打开电源开关，按表 2-1 所示的输入信号设置数据开关，根据显示在指示灯上的运算结果填写表 2-1 中的输出值。

表 2-1　1 位全加器真值表

输　　入			输　　出	
A_i	B_i	C_i	C_{i+1}	S_i
0	0	0		
0	0	1		
0	1	0		
0	1	1		
1	0	0		
1	0	1		
1	1	0		
1	1	1		

（3）关闭电源开关,增加元器件,实现一个 2 位串行进位并行加法器。用此加法器进行运算,根据运算结果填写表 2-2。

表 2-2 2 位串行进位并行加法器功能验证表

输　　入					输　　出		
A_2	A_1	B_2	B_1	C_1	C_3	S_2	S_1
0	1	0	1	0			
0	1	0	1	1			
1	0	0	1	0			
1	0	0	1	1			
1	0	1	1	0			
1	1	1	1	1			

2.6　思考与分析

（1）串行进位并行加法器的主要缺点是什么？有改进的方法吗？

（2）能使用全加器构造出补码加法/减法器吗？

第章

运算器实验

3.1 实验目的

(1) 掌握算术逻辑运算单元的工作原理。

(2) 熟悉简单运算器的电路组成。

(3) 熟悉 4 位运算功能发生器(74LS181)的算术、逻辑运算功能。

3.2 实验要求

(1) 做好实验预习,看懂电路图,熟悉实验中所用芯片各引脚的功能和连接方法。

(2) 按照实验内容与步骤的要求,认真仔细地完成实验。

(3) 写出实验报告。

3.3 实验电路

本实验用到的主要数字功能器件:4 位算术逻辑运算单元 74LS181,8 位数据锁存器 74LS273,三态输出的 8 组总线收发器 74LS245,单脉冲、开关、数据显示灯等。芯片详细说明见附录 A。

本实验所用的运算器电路图如图 3-1 所示,图中尾巴上带加粗标记的线条为控制信号线,其余为数据线。实验电路中涉及的控制信号如下。

(1) M:选择 ALU 的运算模式(M=0 为算术运算;M=1 为逻辑运算)。

(2) S3、S2、S1、S0:选择 ALU 的运算类型,例如在算术运算模式下设为 1001,则 ALU 做加法运算,详见表 3-1。

(3) $\overline{C_n}$:向 ALU 最低位输入的进位信号,$\overline{C_n}$=0 时有进位输入,$\overline{C_n}$=1 时无进位输入。

（4）C_{n+4}：ALU 最高位向外输出的进位信号，$C_{n+4} = 0$ 时有进位输出，$C_{n+4} = 1$ 时无进位输出。

（5）P1：脉冲信号，在上升沿将数据传入 DR1。74LS273 触发器在时钟输入为高电平或低电平时，输入端的信号不影响输出，仅在时钟脉冲的上升沿时，输入端数据才会发送到输出端并将数据锁存。

（6）P2：脉冲信号，在上升沿将数据传入 DR2。

（7）$\overline{MR}$：芯片 74LS273 的清零信号，低电平有效。当 $\overline{MR}$ 为低电平时，74LS273 的数据输出引脚被置零。

（8）$\overline{ALU\text{-}BUS}$：ALU 输出三态门使能信号，当它为 0 时将 74LS245 输入引脚的值从输出引脚输出，从而将 ALU 运算结果输出到数据总线。

（9）$\overline{SW\text{-}BUS}$：开关输出三态门使能信号，当它为 0 时将 SW0～SW7 数据输送到数据总线。

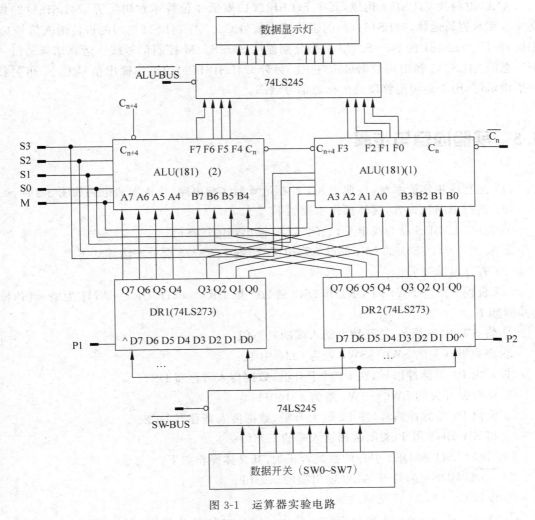

图 3-1 运算器实验电路

3.4　实验原理

运算器实验电路如图 3-1 所示。两片 4 位的 74LS181 构成了 8 位字长的 ALU。两个 8 位的 74LS273 作为工作寄存器 DR1 和 DR2,用于暂存参与运算的操作数。操作数由数据开关通过三态门 74LS245 送入 DR1 或 DR2,ALU 的运算结果也通过三态门 74LS245 发送到数据显示灯上。

操作数由 SW0～SW7 共 8 个二进制开关设置,当 $\overline{\text{SW-BUS}}=0$ 时,数据通过三态门 74LS245 输出到 DR1 和 DR2。DR1 接 ALU 的 A 输入端口,DR2 接 ALU 的 B 输入端口。在 P1 的上升沿将数据传入 DR1,送至 74LS181 的 A 输入端口;在 P2 的上升沿将数据传入 DR2,送至 74LS181 的 B 输入端口。

ALU 由两片 74LS181 构成,其中 74LS181(1)做低 4 位算术逻辑运算,74LS181(2)做高 4 位算术逻辑运算,74LS181(1)的进位输出信号 C_{n+4} 与 74LS181(2)的进位输入信号 C_n 相连,两片 74LS181 的 S0～S3、M 引脚分别连接 S0～S3、M 控制信号线。运算结果通过一个三态门 74LS245 输出到数据显示灯上。另外,74LS181(2)的进位输出信号 C_{n+4} 可另接一个指示灯,用于显示运算器进位标志信号状态。

3.5　实验内容与步骤

(1) 运行虚拟实验系统,按照图 3-1 绘制运算器实验电路,生成实验电路如图 3-2 所示。

(2) 进行电路预设置,具体操作步骤如下。

① 将 $\overline{\text{ALU-BUS}}$ 设为高电平,关闭 ALU 输出端的三态门。

② 将两片 74LS273 的 $\overline{\text{MR}}$ 都设为高电平,否则 74LS273 会处于清零状态。

(3) 打开电源开关。

(4) 设置 SW0～SW7 向 DR1 和 DR2 置数。以 DR1＝65H,DR2＝A7H 为例,具体操作步骤如下。

① 将 $\overline{\text{SW-BUS}}$ 置 0,打开数据输入端的三态门。

② 将数据开关的 SW0～SW7 置为 01100101。

③ 发出 P1 单脉冲信号,在 P1 的上升沿,数据传入寄存器 DR1。

④ 将数据开关的 SW0～SW7 置为 10100111。

⑤ 发出 P2 单脉冲信号,在 P2 的上升沿,数据传入寄存器 DR2。

⑥ 将 $\overline{\text{SW-BUS}}$ 置 1,关闭数据输入端的三态门。

(5) 检验 DR1 和 DR2 中存的数是否正确,其具体操作如下。

① $\overline{\text{ALU-BUS}}=0$,打开 ALU 输出端的三态门。

② 设置 $C_n=1$,ALU 无进位输入。

③ 将 S3、S2、S1、S0、M 置为 00000,指示灯应显示 DR1 中数据 01100101。

④ 将 S3、S2、S1、S0、M 置为 10101,指示灯应显示 DR2 中数据 10100111。

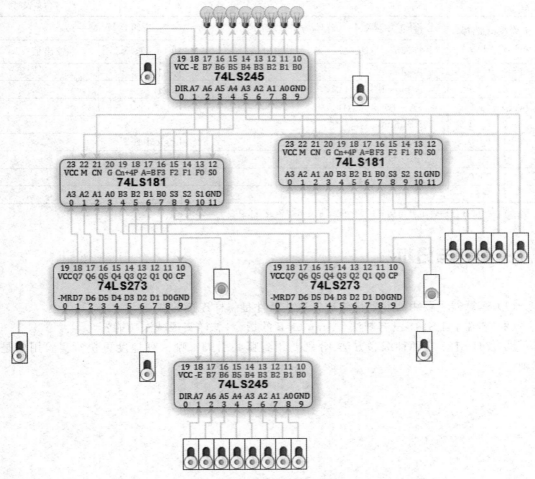

图 3-2 运算器虚拟实验电路

（6）验证 74LS181 的算术运算和逻辑运算功能（采用正逻辑）。在给定 DR1＝65H、DR2＝A7H 的情况下,改变运算器的功能模式,观察运算器的输出并填入表 3-1 中,然后和理论值进行比较、验证。

表 3-1　运算器功能验证

工作模式选择 S3 S2 S1 S0	算术运算（M＝0）（C_n＝1 无进位）		逻辑运算（M＝1）	
	功　能	输出值	功　能	输出值
0 0 0 0	A		$\overline{A}$	
0 0 0 1	A＋B		$\overline{A＋B}$	
0 0 1 0	A＋$\overline{B}$		$\overline{A}B$	
0 0 1 1	0 minus 1		Logical 0	
0 1 0 0	A plus A$\overline{B}$		$\overline{AB}$	
0 1 0 1	(A＋B) plus A$\overline{B}$		$\overline{B}$	
0 1 1 0	A minus B minus 1		A$\oplus$B	
0 1 1 1	A$\overline{B}$ minus 1		A$\overline{B}$	

续表

工作模式选择 S3 S2 S1 S0	算术运算（M＝0）（C_n＝1 无进位）		逻辑运算（M＝1）	
	功　能	输出值	功　能	输出值
1 0 0 0	A plus AB		$\overline{A}+B$	
1 0 0 1	A plus B		$A\oplus B$	
1 0 1 0	(A+$\overline{B}$) plus AB		B	
1 0 1 1	AB minus 1		AB	
1 1 0 0	A plus A		Logical 1	
1 1 0 1	(A+B) plus A		$A+\overline{B}$	
1 1 1 0	(A+$\overline{B}$) plus A		$A+B$	
1 1 1 1	A minus 1		A	

注意：A 和 B 分别表示参与运算的两个数，＋表示逻辑或，plus 表示算术求和。

3.6　思考与分析

（1）运算器主要由哪些器件组成？这些器件是怎样连接的？

（2）芯片 74LS181 没有减法，A minus B 的指令，怎样实现减法功能？

（3）74LS181 有两种级联方法，分别要用到哪些引脚？哪一种速度更快？实验用的是哪种？

第 4 章

存储器实验

4.1 实验目的

（1）掌握静态随机存储器 RAM 的工作特性。

（2）掌握静态随机存储器 RAM 的读写方法。

4.2 实验要求

（1）做好实验预习，熟悉 MEMORY 6116 芯片各引脚的功能和连接方式，熟悉其他实验元器件的功能特性和使用方法，看懂电路图。

（2）按照实验内容与步骤的要求，认真仔细地完成实验。

（3）写出实验报告。

4.3 实验电路

本实验使用的主要元器件：$2K \times 8$ 静态随机存储器 6116 芯片，8 位数据锁存器 74LS273（本实验用作地址寄存器 AR），三态输出的 8 组总线收发器 74LS245，与非门、与门、开关、指示灯等。芯片详细说明见附录 A。

图 4-1 为本实验所用的存储器原理图，图中尾巴上带加粗标记的线条为控制信号，其余为数据信号线或地址信号线。实验电路中涉及的控制信号如下。

（1）$\overline{CE}$：6116 芯片的片选信号。$\overline{CE}$ 为 0 时 6116 芯片正常工作。

（2）$\overline{OE}$：输出允许信号。当 $\overline{CE}=0$、$\overline{OE}=0$、$\overline{WE}=1$ 时为读操作。

（3）WE：写信号。在 $\overline{CE}=0$ 时，WE=1 表示写操作，WE=0 表示读操作。

（4）P1：脉冲信号。当 WE=1、P1=1 时，6116 芯片进行写操作。

（5）LDAR：对地址寄存器 AR 进行加载的控制信号。当 LDAR=1 时是加载状态。

（6）P2：脉冲信号。当 LDAR=1 时，在上升沿将地址载入 AR。74LS273 触发器在时钟输入为高电平或低电平时，输入端的信号不影响输出，仅在时钟脉冲的上升沿，输入端数据才发送到输出端，同时将数据锁存。

（7）$\overline{SW\text{-}BUS}$：开关输出三态门使能信号。当它为 0 时将 74LS245 输入引脚的值从输出引脚输出，即将 SW0～SW7 数据发送到数据总线。

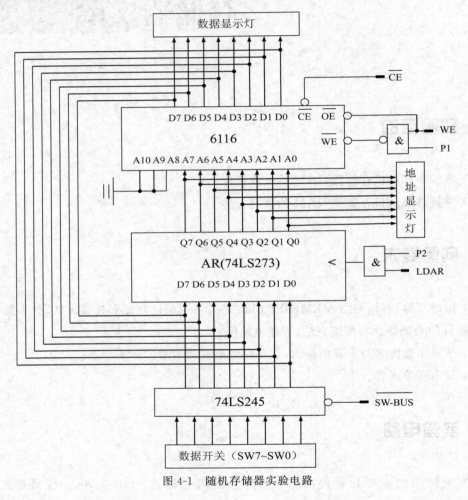

图 4-1　随机存储器实验电路

4.4　实验原理

实验所用的半导体静态存储器电路如图 4-1 所示。数据开关（SW0～SW7）用于设置读、写地址和要写入存储器的数据，经三态门 74LS245 与总线相连，通过总线把地址发送至

AR,或把欲写入的数据发送至存储器芯片。静态存储器由一片 6116(2K×8)芯片构成,但地址输入引脚 A8～A10 接地,因此实际存储容量为 256 字节,其余地址引脚 A0～A7 与 AR 相连,读和写的地址均由 AR 给出。6116 芯片的数据引脚为输入、输出双向引脚,它与总线相连,既可以从总线输入欲写的数据,也可以通过总线输出数据到数据显示灯上。6116 芯片共使用了两组显示灯,一组显示从存储器读出的数据,另一组显示存储单元的地址。

6116 芯片有三根控制线,$\overline{CE}$ 为片选线,$\overline{OE}$ 为读允许线,$\overline{WE}$ 为写线,三者的有效电平均为低电平。当 $\overline{CE}=0$、$\overline{OE}=0$、$\overline{WE}=1$ 时进行读操作;当 $\overline{CE}=0$、$\overline{WE}=0$ 时进行写操作。在图 4-1 中,WE 控制信号与非运算后连接到 6116 的 $\overline{WE}$ 引脚,因此,WE=1 时为写操作,其写时间与 P1 脉冲宽度一致,WE 还与 $\overline{OE}$ 引脚相连,因此 WE=0 时为读操作。

读数据时,在数据开关上设置好要读的存储单元地址,并打开三态门 74LS245,LDAR 置 1,发出一个 P2 脉冲,将地址送入 6116 芯片,设置 6116 芯片为读操作,即可读出数据并在数据显示灯上显示。

写数据时,先在数据开关上设置好要写的存储单元地址,并打开三态门 74LS245,LDAR 置 1,发出一个 P2 脉冲,将地址送入 6116 芯片,然后在数据开关上设置好要写的数据,确保三态门打开,设置 6116 芯片为写操作,发出一个 P1 脉冲,即可将数据写入。

4.5 实验内容与步骤

(1) 运行虚拟实验系统,从左边的实验设备列表选取所需组件拖到工作区中,按照图 4-1 所示组建实验电路,得到如图 4-2 所示的实验电路。图 4-2 中没有使用总线,元器件通过两两之间连线实现彼此连接。实验时也可以选用总线来连接器件。

(2) 进行电路预设置如下。

① 将 74LS273 的 $\overline{MR}$ 置 1,AR 不清零。

② $\overline{CE}=1$,RAM6116 芯片未片选。

③ $\overline{SW-BUS}=1$,三态门关闭。

(3) 打开电源开关。

(4) 存储器写操作。向 01H、02H、03H、04H、05H 存储单元分别写入十六进制数据 11H、12H、13H、14H、15H,具体操作步骤如下(以向 01 号单元写入 11H 为例)。

① 将 SW0～SW7 置为 00000001,$\overline{SW-BUS}=0$,打开三态门,将地址送入 BUS。

② LDAR=1,发出 P2 单脉冲信号,在 P2 的上升沿将 BUS 上的地址存入 AR,可通过观察 AR 所连接的地址显示灯来查看地址,$\overline{SW-BUS}=1$,关闭三态门。

③ $\overline{CE}=0$、WE=1,6116 芯片写操作准备。

④ 将 SW0～SW7 置为 00010001,$\overline{SW-BUS}=0$,打开三态门,将数据送入 BUS。

⑤ 发出 P1 单脉冲信号,在 P1 的上升沿将 BUS 上的数据 00010001 写入 RAM 的 01 地址。

⑥ $\overline{CE}=1$,6116 芯片暂停工作,$\overline{SW-BUS}=1$,关闭三态门。

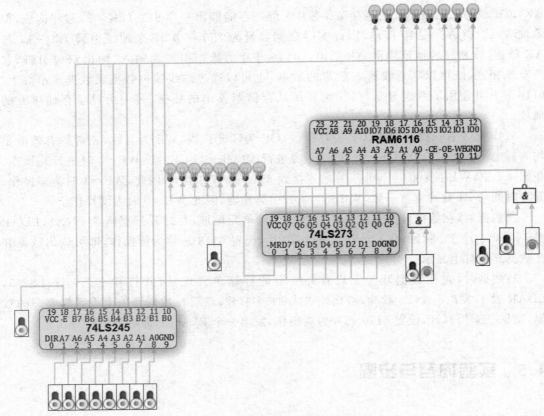

图 4-2　存储器虚拟实验电路

提示：可以使用工具菜单中的"存储器芯片读写"实时查看存储器芯片中的数据。本虚拟实验系统的 6116 芯片中预存了一些代码和数据。

（5）存储器读操作。依次读出 01H、02H、03H、04H、05H 单元中的内容，观察上述单元中的内容是否与前面写入的一致。具体操作步骤如下（以从 01 号单元读出数据 11H 为例）。

① 将 SW0～SW7 置为 00000001，$\overline{\text{SW-BUS}}=0$，打开三态门，将地址送入 BUS。

② LDAR＝1，发出 P2 单脉冲信号，在 P2 的上升沿将 BUS 上的地址存入 AR 中，可通过观察 AR 所连接的地址显示灯来查看地址，$\overline{\text{SW-BUS}}=1$，关闭三态门。

③ $\overline{\text{CE}}=0$，WE＝0，6116 芯片进行读操作，观察数据显示灯是否为先前写入的 00010001。

④ $\overline{\text{CE}}=1$，6116 芯片暂停工作。

4.6　思考与分析

（1）静态半导体存储器与动态半导体存储器的主要区别是什么？

（2）由两片 6116（2K×8）芯片怎样扩展成（2K×16）或（4K×8）的存储器？应该怎样连线？

（3）查阅 6116 芯片的数据手册，在 $\overline{\text{CE}}=0$、$\overline{\text{OE}}=0$、$\overline{\text{WE}}=1$ 的条件下，当输入的地址信息变化时，输出的数据是否会相应变化？是否有延迟？

第5章

总线与微命令实验

5.1 实验目的

（1）理解总线的概念和作用。
（2）连接运算器与存储器，熟悉计算机的数据通路。
（3）理解微命令与微操作的概念。

5.2 实验要求

（1）做好实验预习，在实验之前填写表 5-3 和表 5-4，读懂实验电路图，熟悉实验元器件的功能特性和使用方法。
（2）按照实验内容与步骤的要求进行实验，对预习时填写好的微命令进行验证与调试，遇到问题冷静、独立思考，认真仔细地完成实验。
（3）写出实验报告。

5.3 实验电路

本实验使用的主要元器件：4 位算术逻辑运算单元 74LS181，8 位数据锁存器 74LS273，三态输出的总线收发器 74LS245，2K×8 静态随机存储器 6116 芯片，时序产生器，与非门、与门、开关、指示灯等。芯片详细说明见附录 A。

时序产生器用于产生四个等间隔时序信号 T1、T2、T3 和 T4。在本虚拟实验系统中，连续发出的一轮 T1～T4 时序信号对应一个 CPU 周期。图 5-1 所示为时序产生器的简单电路连接图，

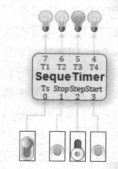

图 5-1 时序产生器的简单电路连接图

其中,Ts 为时钟源输入信号,stop 为停止信号,start 为开始信号,step 为单步运行信号。在 step=0 时,单击"start"连接的单脉冲按钮,时序信号 T1~T4 会周而复始地发送出去,时序产生器处于连续运行状态,若此时单击"stop"按钮,发送完此周期时序信号后就会停机。在 step=1 时,时序产生器处于单步运行状态,即每发送完一个 CPU 周期时序信号就自动停机。本实验使用的是单步运行方式。

图 5-2 所示为本实验数据通路总框图,其中 ALU 由两片 74LS181 构成,DR1、DR2 和 AR 均为一片 74LS273,RAM 为一片 6116 芯片,△表示三态门 74LS245,时序产生器为虚拟实验系统提供的虚拟组件。

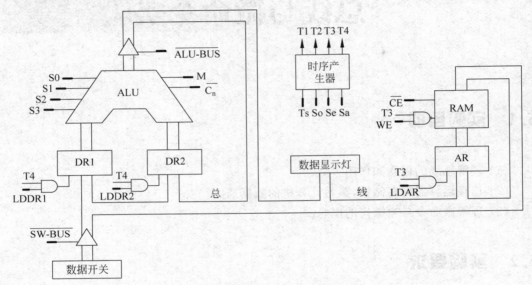

图 5-2　数据通路总框图

实验电路中涉及的其他控制信号如下。

(1) M:选择 ALU 的运算模式(M=0,算术运算;M=1,逻辑运算)。

(2) S3、S2、S1、S0:选择 ALU 的运算类型。如 M=0 时,设为 1001 表示加法运算。

(3) $\overline{C_n}$:向 ALU 最低位输入的进位信号,$\overline{C_n}$=0 时有进位输入,$\overline{C_n}$=1 时无进位输入。

(4) LDDR1:DR1 的数据加载信号,与 T4 脉冲配合将总线上的数据传入 DR1 中。LDDR1 和 T4 通过与门进行行与运算之后连接到 74LS273 芯片的 CP 引脚,当 LDDR1=1 时,在 T4 的上升沿将数据锁存到 DR1。

(5) LDDR2:DR2 的数据加载信号,与 T4 脉冲配合将总线上的数据传入 DR2 中。LDDR2 和 T4 通过与门进行行与运算之后连接到 74LS273 芯片的 CP 引脚,当 LDDR2=1 时,在 T4 的上升沿将数据锁存到 DR2。

(6) $\overline{MR}$:74LS273 芯片的清零信号,低电平有效。本实验恒置为 1。

(7) $\overline{ALU\text{-}BUS}$:ALU 输出三态门使能信号,当它为 0 时,将 ALU 运算结果输出到总线。

(8) $\overline{SW\text{-}BUS}$:开关输出三态门使能信号,当它为 0 时,将 SW0~SW7 数据发送到总线。

(9) $\overline{CE}$:6116 芯片的片选信号。当它为 0 时,6116 芯片正常工作。

(10) $\overline{OE}$:6116 芯片输出允许信号。当 $\overline{CE}$=0、$\overline{OE}$=0、$\overline{WE}$=1 时为读操作。

（11）WE：6116 芯片写信号，与 T3 脉冲配合实现存储器写操作。WE 和 T3 通过与非门连接到 6116 芯片的 $\overline{WE}$ 引脚，$\overline{WE}$ 引脚低电平有效。在 $\overline{CE}=0$ 的前提下，当 WE＝1 且 T3＝1 时进行写操作。WE 还与 $\overline{OE}$ 引脚相连，因此在 $\overline{CE}=0$、WE＝0 时进行读操作。

（12）LDAR：AR 的地址加载信号，与 T3 脉冲配合将总线上的地址传入 AR 中。LDAR 和 T3 通过与门进行与运算后连接到 74LS273 芯片的 CP 引脚，当 LDAR＝1 时，在 T3 的上升沿将地址锁存到 AR。

5.4　实验原理

实验所用数据通路如图 5-2 所示，数据开关、数据显示灯、运算器、存储器通过总线相连。数据开关（SW0～SW7）用于设置数据或地址，数据和地址经三态门发送至总线。DR1 和 DR2 从总线上接收数据并传送到 ALU 进行运算，运算结果经三态门送回至总线。地址寄存器 AR 从总线上获取地址并送至存储器，存储器按地址进行读写，将读出的数据发送至总线，或者从总线输入数据并写入。数据显示灯与总线相连，流经总线的所有数据和地址都将在数据显示灯上显示。

计算机控制器通过控制线向执行部件发出各种控制命令，这些控制命令被称为微命令，执行部件接收微命令后所进行的操作称为微操作。图 5-2 中的控制信号线都与控制器相连，并由控制器的相应微命令控制，例如当控制器中表示 $\overline{SW\text{-}BUS}$ 的微命令位设置为 0 时，低电平信号通过控制线传送到数据开关的三态门，三态门即执行"打开"微操作。

为方便进行实验，将数据通路图 5-2 中的所有控制信号归纳，如表 5-1 所示。实验的主要任务就是确定这些控制信号在每一个 CPU 周期的取值。

表 5-1　微命令集合

位	12	11	10	9	8	7	6	5	4	3	2	1	0
控制信号	S3	S2	S1	S0	M	$\overline{C_n}$	$\overline{CE}$	WE	LDAR	LDDR1	LDDR2	ALU-BUS	SW-BUS

可以设计不同的微命令组合，来实现不同的功能。例如，微命令组合 000001 100 10 10 表示 DR1 载入，数据开关三态门打开，存储器、DR2 和 ALU 三态门都关闭，其功能为将数据开关上的数据送入 DR1。注意，表 5-1 中的微命令只是实际计算机中的一部分，计算机运行所需要的微命令远不止这些。

在存储逻辑型控制器中，计算机需要用到的所有微命令组合都已预先设计好并存储在控制存储器中，由控制器根据程序自动找出需要的微命令组合，通过控制线发送给各执行部件执行。其中的每一个微命令组合又叫一条微指令。本实验用人工设置数据开关的方法来代替控制器生成微命令，完成一系列操作和任务。

5.5　实验内容与步骤

（1）运行虚拟实验系统，导入实验电路，接好表 5-1 中列出的控制信号线，将控制信号线分别接至电路图上方的数据开关上，并仔细检查，确保连接正确。连接好的电路如图 5-3 所示。

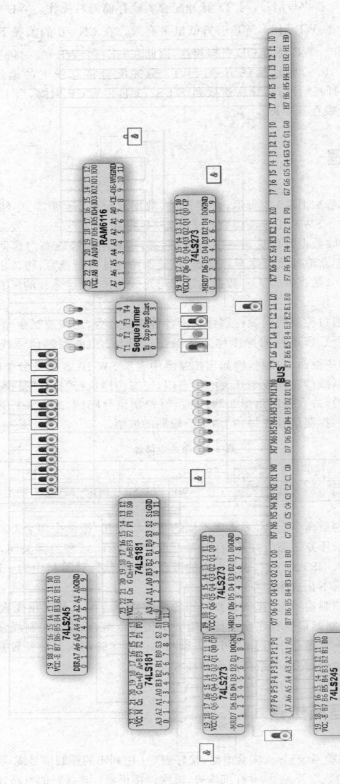

图 5-3　数据通路虚拟实验电路

(2) 进行电路预设置。将 DR1、DR2 和 AR 的 $\overline{MR}$ 置1,时序产生器的 step 置1。

(3) 打开电源开关。

(4) 求 A＋B,A 从数据开关输入,B 是存储器操作数,B 的地址也从数据开关输入,运算结果在数据显示灯上显示。具体步骤如下。

① 准备好要使用的微命令,如表 5-2 所示。

表 5-2 A＋B 微命令

功　能	微　命　令												
	S3	S2	S1	S0	M	$\overline{C_n}$	CE	WE	LDAR	LDDR1	LDDR2	ALU-BUS	SW-BUS
数据开关→DR1	0	0	0	0	0	1	1	0	0	1	0	1	0
存储单元地址→AR	0	0	0	0	0	1	1	0	1	0	0	1	0
存储器操作数→DR2	0	0	0	0	0	1	0	0	0	0	1	0	1
DR1+DR2→BUS	1	0	0	1	0	1	0	1	0	0	0	0	1

② 设置控制信号:数据开关→DR1(0000011001010);将数据开关设置为 A(00000011);单击时序产生器的"start"按钮。等待一个 CPU 周期后,数据开关上的值已存入 DR1。

③ 设置控制信号:存储单元地址→AR(0000011010010);将数据开关设为 B 的地址(00000010);单击"start"按钮。等待一个 CPU 周期后,地址已存入 AR。

④ 设置控制信号:存储器操作数→DR2(0000010000111);单击"start"按钮。等待一个 CPU 周期后,B 的值已存入 DR2。

⑤ 设置控制信号:DR1＋DR2→DR1(1001011001001)。运算结果在数据显示灯上显示。

(5) 计算 C－D→存储单元 E,数据 C、D 和地址 E 都从数据开关输入。具体操作步骤如下。

① 设计好要使用的微命令,填入表 5-3 中。

表 5-3 C－D→存储单元 E 微命令

功　能	微　命　令												
	S3	S2	S1	S0	M	$\overline{C_n}$	CE	WE	LDAR	LDDR1	LDDR2	ALU-BUS	SW-BUS
数据开关→DR1													
数据开关→DR2													
存储单元地址→AR													
DR1－DR2→存储单元													

② 设置控制信号:数据开关→DR1(　　　　　);将数据开关设置为 C(00010111);单击时序产生器的"start"按钮。等待一个 CPU 周期后,C 已存入 DR1。

③ 设置控制信号:数据开关→DR2(　　　　　);将数据开关设置为 D(00001000);单击"start"按钮。等待一个 CPU 周期后,D 已存入 DR2。

④ 设置控制信号:存储单元地址→AR(　　　　　);将数据开关设置为 E(00000000);单击"start"按钮。等待一个 CPU 周期后,地址 E 已存入 AR。

⑤ 设置控制信号：DR1－DR2→存储单元（　　　　　　　　　　　）；单击"start"按钮。等待一个 CPU 周期后，运算结果已存入存储单元 00H。

⑥ 单击菜单中的"工具/存储器芯片读写"，查看存储单元 00H 的值是否正确，如果不正确，找出错误的原因，调试至正确为止。

（6）计算 F∧G→存储单元 H。F 和 G 都是存储器操作数，F、G 的地址以及地址 H 都从数据开关输入。具体操作步骤如下。

① 设计微命令，填入表 5-4 中。

表 5-4　F∧G→存储单元 H 微命令

功　能	微　命　令												
	S3	S2	S1	S0	M	$\overline{C_n}$	$\overline{CE}$	$\overline{WE}$	LDAR	LDDR1	LDDR2	ALU-BUS	SW-BUS
存储单元地址→AR													
存储器操作数→DR1													
存储单元地址→AR													
存储器操作数→DR2													
存储单元地址→AR													
DR1∧DR2→存储单元													

② 设置控制信号：存储单元地址→AR（　　　　　　　　　　　）；将数据开关设置为 F 的地址（00000100）；单击"start"按钮。等待一个 CPU 周期后，地址已存入 AR。

③ 设置控制信号：存储器操作数→DR1（　　　　　　　　　　　）；单击"start"按钮。等待一个 CPU 周期后，F 已存入 DR1。

④ 设置控制信号：存储单元地址→AR（　　　　　　　　　　　）；将数据开关设置为 G 的地址（00001000）；单击"start"按钮。等待一个 CPU 周期后，地址已存入 AR。

⑤ 设置控制信号：存储器操作数→DR2（　　　　　　　　　　　）；单击"start"按钮。等待一个 CPU 周期后，G 已存入 DR2。

⑥ 设置控制信号：存储单元地址→AR（　　　　　　　　　　　）；将数据开关设置为 H（00001100）；单击"start"按钮。等待一个 CPU 周期后，地址 H 已存入 AR。

⑦ 设置控制信号：DR1∧DR2→存储单元（　　　　　　　　　　　）；单击"start"按钮。等待一个 CPU 周期后，运算结果已存入存储单元 0CH。

⑧ 单击菜单中的"工具/存储器芯片读写"，查看存储单元 0CH 的值是否正确，如果不正确，找出错误的原因，调试至正确为止。

5.6　思考与分析

（1）总线的功能是什么？按连接部件可以分为几类？此实验中的总线属于哪一类？

（2）单总线结构有什么特点？多总线结构相对于单总线结构有什么优势？

（3）什么是微命令？什么是微操作？试以芯片 74LS181 和芯片 6116 为例说明。

第 **6** 章

累加器实验

6.1　实验目的

（1）理解累加器的概念和作用。

（2）连接运算器、存储器和累加器，熟悉计算机的数据通路。

（3）掌握使用微命令执行各种操作的方法。

6.2　实验要求

（1）做好实验预习，读懂实验电路图，熟悉实验元器件的功能特性和使用方法。在实验之前设计好要使用的微命令，填入表 6-2～表 6-4 中。

（2）按照实验内容与步骤的要求进行实验，对预习时填写好的微命令进行验证与调试，遇到问题冷静、独立思考，认真仔细地完成实验。

（3）写出实验报告。

6.3　实验电路

本实验使用的主要元器件：4 位算术逻辑运算单元 74LS181，8 位数据锁存器 74LS273，8 位正沿触发寄存器 74LS374、三态输出的总线收发器 74LS245，2K×8 静态随机存储器 6116，时序产生器，与非门、与门、开关、指示灯等。各芯片详细说明见附录 A。

本实验数据通路总框图如图 6-1 所示，其中 ALU 由两片 74LS181 构成，DR1、DR2 和 AR 均为一片 74LS273，RAM 为一片 6116 芯片，R0 寄存器为一片 74LS374 芯片，△表示三态门 74LS245，时序产生器为虚拟实验系统提供的虚拟组件。

实验电路中涉及的主要控制信号如下。

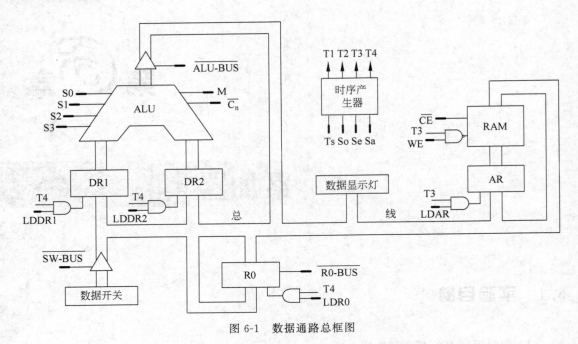

图 6-1 数据通路总框图

(1) M：选择 ALU 的运算模式（M=0，算术运算；M=1，逻辑运算）。

(2) S3、S2、S1、S0：选择 ALU 的运算类型。如 M=0 时，设为 1001 表示加法运算。

(3) $\overline{C_n}$：向 ALU 最低位输入的进位信号，$\overline{C_n}$=0 时有进位输入，$\overline{C_n}$=1 时无进位输入。

(4) LDDR1：DR1 的数据加载信号，与 T4 脉冲配合将总线上的数据传入 DR1 中。LDDR1 和 T4 通过与门进行与运算后连接到 74LS273 芯片的 CP 引脚，当 LDDR1=1 时，在 T4 的上升沿将数据锁存到 DR1。

(5) LDDR2：DR2 的数据加载信号，与 T4 脉冲配合将总线上的数据传入 DR2 中。LDDR2 和 T4 通过与门进行与运算之后连接到 74LS273 芯片的 CP 引脚，当 LDDR2=1 时，在 T4 的上升沿将数据锁存到 DR2。

(6) $\overline{MR}$：74LS273 芯片的清零信号，低电平有效。本实验恒置为 1。

(7) $\overline{ALU\text{-}BUS}$：ALU 输出三态门使能信号，当它为 0 时，三态门打开，ALU 运算结果输出到总线。

(8) $\overline{SW\text{-}BUS}$：开关输出三态门使能信号，当它为 0 时，三态门打开，SW0～SW7 上的数据传送到总线。

(9) $\overline{CE}$：6116 芯片的片选信号。$\overline{CE}$ 为 0 时，6116 芯片正常工作。

(10) $\overline{OE}$：6116 芯片输出允许信号。当 $\overline{CE}$=0、$\overline{OE}$=0、$\overline{WE}$=1 时为读操作。

(11) WE：6116 芯片写信号，与 T3 脉冲配合实现存储器写操作。WE 和 T3 通过与非门连接到 6116 芯片的 $\overline{WE}$ 引脚，$\overline{WE}$ 引脚低电平有效。在 $\overline{CE}$=0 的前提下，当 WE=1 且 T3=1 时进行写操作。WE 还与 $\overline{OE}$ 引脚相连，因此在 $\overline{CE}$=0、WE=0 时进行读操作。

(12) LDAR：AR 的地址加载信号，与 T3 脉冲配合将总线上的地址传入 AR 中。LDAR 和 T3 通过与门进行与运算之后连接到 74LS273 芯片的 CP 引脚，当 LDAR=1 时，在 T3 的上升沿将地址锁存到 AR。

(13) $\overline{\text{R0-BUS}}$：R0 芯片的输出控制信号,连接 74LS374 芯片的 $\overline{\text{OE}}$ 引脚,当它为 0 时,将 R0 中的数据输出到总线;当它为 1 时,输出高组态。

(14) LDR0：R0 的数据载入信号,与 T4 脉冲配合将总线上的数据传入 R0 中。LDR0 和 T4 通过与门进行与运算之后连接到 74LS374 芯片的 CP 引脚,当 LDR0＝1 时,在 T4 的上升沿将数据存入 R0。

6.4 实验原理

实验所用电路如图 6-1 所示,累加器、运算器、存储器、数据开关等通过总线相连。在数据开关(SW0～SW7)上设置的数据或地址可经三态门发送至总线。DR1 和 DR2 从总线上接收数据并传送到 ALU 进行运算,运算结果经三态门送回总线。地址寄存器 AR 从总线上获取地址并送至存储器,存储器按地址进行读写。存储器在读操作时,将读出的数据发送至总线,在写操作时从总线获取数据并写入。R0 从总线上获取数据并保存起来,需要时再把存入的数据输出到总线上。数据显示灯与总线相连,流经总线的所有数据和地址都将显示在数据显示灯上。

累加器是一种寄存器,用于存放算术逻辑运算的操作数或中间结果。本实验把 R0 作为累加器,完成一次简单的算术运算。为了调动各功能部件完成预定任务,就要确定在每一个 CPU 周期,对每一个功能部件发出什么样的控制信号。

为方便实验的进行,将数据通路图 6-1 中的所有控制信号归纳,如表 6-1 所示。实验的主要任务就是确定这些控制信号在每一个 CPU 周期的取值。

表 6-1　微命令集合

位	14	13	12	11	10	9	8	7	6	5	4	3	2	1	0
控制信号	S3	S2	S1	S0	M	$\overline{C_n}$	$\overline{CE}$	WE	LDAR	LDDR1	LDDR2	ALU-BUS	SW-BUS	LDR0	R0-BUS

6.5 实验内容与步骤

本实验将 R0 用作累加器,完成一次加法运算。其中,被加数由数据开关输入,加数存放在存储器中,其地址也从数据开关输入。运算结果存入存储器中,存入的地址由数据开关设置。

(1) 运行虚拟实验系统,导入实验电路图,在电路中加入一个 74LS374 芯片作为累加寄存器 R0,将 R0 的数据线与总线相连。

(2) 接好表 6-1 中列出的所有控制信号线后,仔细检查,确保连接正确。连接好的电路如图 6-2 所示。

(3) 进行电路预设置。将 DR1、DR2 和 AR 的 $\overline{\text{MR}}$ 置 1,时序产生器的 step 置 1。

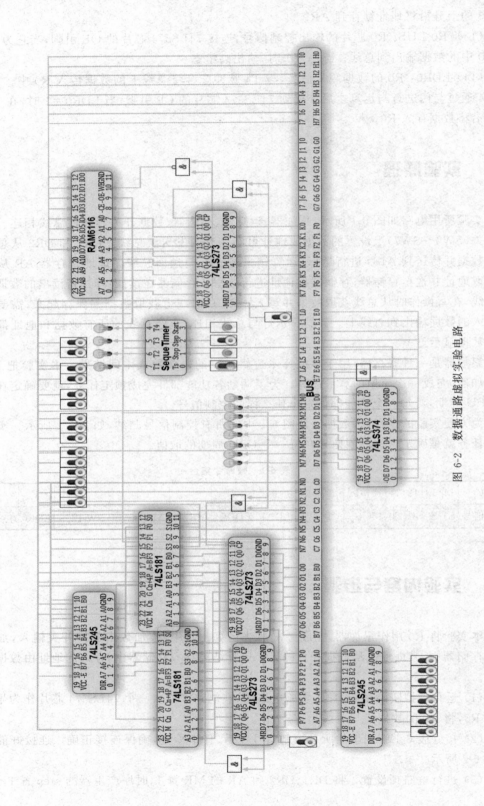

图 6-2 数据通路虚拟实验电路

（4）A→R0,A 从数据开关输入。具体操作步骤如下。

① 设计要使用的微命令,填入表 6-2 中。

表 6-2 A→R0 微命令

功　能	微　命　令														
	S3	S2	S1	S0	M	$\overline{C_n}$	$\overline{CE}$	WE	LDAR	LDDR1	LDDR2	ALU-BUS	SW-BUS	LDR0	R0-BUS
数据开关→R0															

② 打开电源。

③ 设置控制信号:数据开关→R0(　　　　　　　　　　);将数据开关设置为 A(00000011);单击时序产生器的"start"按钮,等待一个 CPU 周期。

（5）进行累加运算 B+R0→R0,B 为存储器操作数,B 的地址由数据开关输入,运算结果存入 R0。具体操作步骤如下。

① 设计好要使用的微命令,填入表 6-3 中。

表 6-3 B+R0→R0 微命令

功　能	微　命　令														
	S3	S2	S1	S0	M	$\overline{C_n}$	$\overline{CE}$	WE	LDAR	LDDR1	LDDR2	ALU-BUS	SW-BUS	LDR0	R0-BUS
存储单元地址→AR															
存储器操作数→DR2															
R0→DR1															
DR1+DR2→R0															

② 设置控制信号:存储单元地址→AR(　　　　　　　　　　);将数据开关设置为 B 的地址(00001000);单击"start"按钮。等待一个 CPU 周期后,地址已存入 AR。

③ 设置控制信号:存储器操作数→DR2(　　　　　　　　　　);单击"start"按钮。等待一个 CPU 周期后,B 的值已存入 DR2。

④ 设置控制信号:R0→DR1(　　　　　　　　　　);单击"start"按钮,等待一个 CPU 周期后,R0 的值已存入 DR1。

⑤ 设置控制信号:DR1+DR2→R0(　　　　　　　　　　);单击"start"按钮。等待一个 CPU 周期后,运算结果已存入 R0。

（6）存储 R0→存储单元 C,C 为存储单元地址,从数据开关输入。具体操作步骤如下。

① 设计好要使用的微命令,填入表 6-4 中。

表 6-4 R0→存储单元 C 微命令

功　能	微　命　令														
	S3	S2	S1	S0	M	$\overline{C_n}$	$\overline{CE}$	WE	LDAR	LDDR1	LDDR2	ALU-BUS	$\overline{SW\text{-}BUS}$	LDR0	R0-BUS
存储单元地址 →AR															
R0→存储单元															

②　设置控制信号：存储单元地址→AR（　　　　　　　　　　　　）；将数据开关设置为 C(00001001)；单击"start"按钮。等待一个 CPU 周期后，地址 C 已存入 AR。

③　设置控制信号：R0→存储单元（　　　　　　　　　　　　）；单击"start"按钮。等待一个 CPU 周期后，运算结果已存入存储单元。

④　单击菜单中的"工具/存储器芯片读写"，查看存储单元 09H 的值。

6.6　思考与分析

(1) 什么是累加器？它的作用是什么？

(2) 什么是微指令？微指令与微命令的关系是什么？

第 7 章

程序计数器实验

7.1 实验目的

（1）连接程序计数器、地址寄存器、存储器与指令寄存器，理解程序计数器的作用。

（2）掌握使用微命令通过程序计数器从存储器中读取指令和数据的方法。

7.2 实验要求

（1）做好实验预习，在实验之前填写表 7-4～表 7-7，读懂实验电路图，熟悉实验元器件的功能特性和使用方法。

（2）按照实验内容与步骤的要求进行实验，对预习时填写好的微命令进行验证与调试，遇到问题冷静、独立思考，认真仔细地完成实验。

（3）写出实验报告。

7.3 实验电路

本实验使用的主要元器件：8 位数据锁存器 74LS273，4 位二进制计数器 74LS163、三态输出的总线收发器 74LS245，2K×8 静态随机存储器 6116 芯片，时序产生器，与非门、与门、开关、指示灯等。芯片详细说明见附录 A。

本实验数据通路总框图如图 7-1 所示，其中程序计数器 PC 由两片 74LS163 级联构成，IR 和 AR 均为一片 74LS273，RAM 为一片 6116 芯片，△表示三态门 74LS245，时序产生器为虚拟实验系统提供的虚拟组件。

实验电路中涉及的主要控制信号如下。

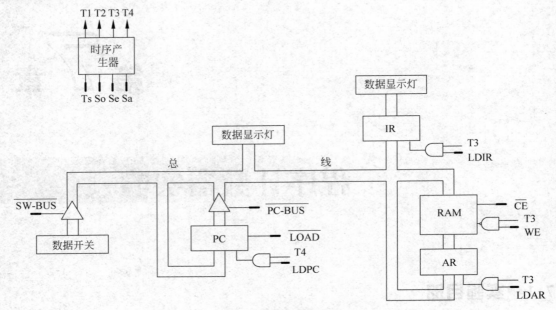

图 7-1　数据通路总框图

（1）LDIR：IR 的加载信号，与 T3 脉冲配合将总线上的数据传入 IR 中。LDIR 和 T3 通过与门进行与运算之后连接到 74LS273 芯片的 CP 引脚，当 LDIR＝1 时，在 T3 的上升沿将指令锁存到 IR 并发送给数据显示灯。

（2）$\overline{\text{MR}}$：74LS273 芯片的清零信号，低电平有效。本实验恒置为 1。

（3）$\overline{\text{CE}}$：6116 芯片片选信号。$\overline{\text{CE}}$ 为 0 时，6116 芯片正常工作。

（4）$\overline{\text{OE}}$：6116 芯片输出允许信号。当 $\overline{\text{CE}}＝0$、$\overline{\text{OE}}＝0$、$\overline{\text{WE}}＝1$ 时为读操作。

（5）WE：6116 芯片写信号，与 T3 脉冲配合实现存储器写操作。WE 和 T3 通过与非门连接到 6116 芯片的 $\overline{\text{WE}}$ 引脚，$\overline{\text{WE}}$ 引脚低电平有效。在 $\overline{\text{CE}}＝0$ 的前提下，当 WE＝1 且 T3＝1 时进行写操作。WE 还与 $\overline{\text{OE}}$ 引脚相连，因此在 $\overline{\text{CE}}＝0$、WE＝0 时进行读操作。

（6）LDAR：AR 的地址加载信号，与 T3 脉冲配合将总线上的地址传入 AR 中。LDAR 和 T3 通过与门进行与运算后连接到 74LS273 芯片的 CP 引脚，当 LDAR＝1 时，在 T3 的上升沿将地址锁存到 AR。

（7）$\overline{\text{SW-BUS}}$：开关输出三态门使能信号，当它为 0 时，将 SW0～SW7 数据发送到总线。

（8）$\overline{\text{PC-BUS}}$：PC 输出三态门使能信号，当它为 0 时，将 PC 的值输出到总线。

（9）$\overline{\text{CR}}$：PC 的清零信号，当它为 0 时，PC 为清零模式。本实验恒置为 1。

（10）$\overline{\text{LOAD}}$：PC 的置数信号，当它为 0 时，PC 工作在置数模式，可在此模式下为 PC 设置初值。

（11）ENT 和 ENP：PC 的使能信号，当 $\overline{\text{LOAD}}＝1$ 且 ENT＝1、ENP＝1 时，PC 工作在计数模式。本实验将这两个信号恒置为 1（用于芯片级联的 ENT、ENP 引脚除外）。

（12）LDPC：PC 的加载信号，与 T4 通过与门进行与运算之后连接到 74LS163 芯片的 CP 引脚，当 LDPC＝1 时，在 T4 的上升沿执行清零、置数或者计数操作。

7.4 实验原理

实验电路如图 7-1 所示,程序计数器、指令寄存器、地址寄存器和存储器等通过总线相连。存储器中预先存放了一小段程序和数据,程序是指令的有序集合,程序计数器用于生成下一条要执行的指令的地址。本实验用到的四条机器指令格式如表 7-1 所示,RAM 中预存的程序和数据如表 7-2 所示。实验任务就是利用程序计数器,将 RAM 中的指令一一读出。

表 7-1 机器指令格式

助记符	机器码(A 为内存地址 8bit)	长度/bit	功 能
IN	00000000	8	SW→R0
ADD	00100000 A	16	R0+(A)→R0
STA	01000000 A	16	R0→(A)
JMP	01100000 A	16	A→PC(程序跳转到 A 地址执行)

表 7-2 RAM 中预存的程序和数据

地址(八进制)	内 容	含 义
00	00000000	IN
01	00100000	ADD
02	00001000	10(八进制)
03	01000000	STA
04	00001001	11(八进制)
05	01100000	JMP
06	00000000	00
07		
10	00001011	
11		求和结果

在程序开始执行前,必须将 PC 的值设置为程序的起始地址,即程序的第一条指令所在的内存单元地址。在程序执行过程中,CPU 将自动修改 PC 的值,使其保持为下一条指令的地址。由于大多数指令都是顺序执行的,所以修改的过程通常只是简单的对 PC 加 1。当程序转移时,转移指令实际就是将 PC 设置为转去的目的地址,以实现跳转。

实验电路使用两片 74LS163 芯片级联构成程序计数器,74LS163 芯片有三种工作模式,即清零模式、置数模式和计数模式,可通过相应输入引脚设置其工作模式。74LS163 芯片的 CP 引脚接时钟脉冲信号,在脉冲信号的上升沿触发当前工作模式对应的操作。例如,若当前工作模式为清零模式,则在脉冲信号的上升沿将 PC 清零;若当前工作模式为计数模式,则在脉冲信号上升沿到来时,PC 值加 1。

数据开关(SW0~SW7)设置的程序起始地址经三态门发送至总线。PC 从总线上接收起始地址并设置为计数初值,PC 中的值经过三态门送至总线,PC 的值递增 1。地址寄存器 AR 从总线上获取地址并送至存储器,存储器按地址进行读操作,将读出的指令或数据发送至总线。IR 从总线上获取指令并锁存。流经总线的所有数据和地址都将在数据显示灯上显示。

为方便进行实验,将数据通路图 7-1 中的所有控制信号归纳,如表 7-3 所示。

表 7-3　微命令集合

位	7	6	5	4	3	2	1	0
控制信号	$\overline{\text{SW-BUS}}$	$\overline{\text{PC-BUS}}$	$\overline{\text{LOAD}}$	LDPC	LDAR	$\overline{\text{CE}}$	WE	LDIR

7.5　实验内容与步骤

(1) 阅读表 7-2 的程序,并回答问题:此程序的功能是什么?

答:_____

(2) 运行虚拟实验系统,导入实验电路图,接好表 7-3 中列出的所有控制信号线,并仔细检查一遍,确保连接正确。连接好的电路图如图 7-2 所示。

(3) 电路预设置:将计数器的 $\overline{\text{CR}}$、ENT、ENP 置 1,IR、AR 的 $\overline{\text{MR}}$ 置 1,时序产生器的 step 置 1。

(4) 程序起始地址→PC,地址从数据开关输入。具体操作步骤如下。

① 设计好要使用的微命令,填入表 7-4 中。

表 7-4　程序起始地址→PC 微命令

功　　能	微　命　令							
	SW-BUS	PC-BUS	$\overline{\text{LOAD}}$	LDPC	LDAR	$\overline{\text{CE}}$	WE	LDIR
数据开关→PC								

② 打开电源。

③ 设置控制信号:数据开关→PC(　　　　　　　　　　　　);将数据开关设置为地址 00H;单击时序产生器的"start"按钮,等待一个 CPU 周期,此时 PC 被置为 00H。

(5) 取指令,以当前 PC 的值作为地址,取出存储器中相应的指令,放入指令寄存器 IR,同时 PC+1。具体操作步骤如下。

① 设计好要使用的微命令,填入表 7-5 中。

表 7-5　取指令微命令

功　　能	微　命　令							
	SW-BUS	PC-BUS	$\overline{\text{LOAD}}$	LDPC	LDAR	$\overline{\text{CE}}$	WE	LDIR
PC→AR,PC+1								
RAM→BUS,BUS→IR								

② 设置控制信号:PC→AR,PC+1(　　　　　　　　　　　);单击"start"按钮。等待一个 CPU 周期,此时 PC 的值存入 AR,而后 PC 递增 1。

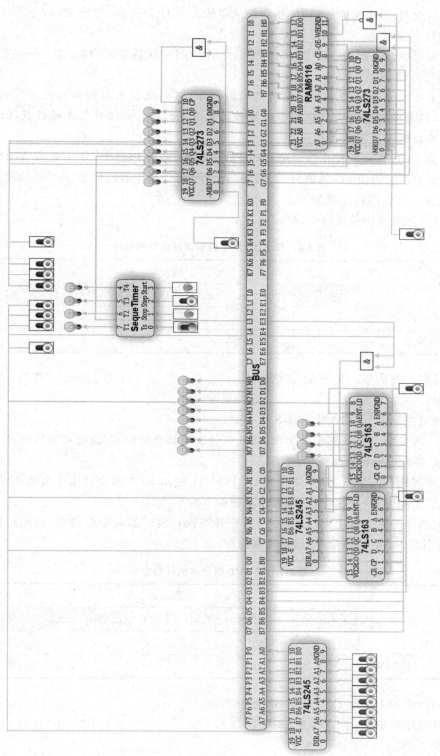

图 7-2 数据通路虚拟实验电路

③ 设置控制信号：RAM→IR（　　　　　　　　　　　　　　　）；单击"start"按钮，等待一个 CPU 周期，此时 00H 地址处的 IN 指令被取出放入了 IR。注意，由于 IN 指令为全零，所以此时指示灯不会点亮。

（6）重复执行一次表 7-5 中的两组微命令，读出 PC 所指单元内容（即下一条指令 ADD 的操作码部分）到 IR。

注意：多次重复执行表 7-5 中的两组微命令，可以把后面存储单元内容依次读入 IR 中。但是，程序执行时只需要把指令的操作码读入 IR，指令的操作数或操作数地址不需要读入 IR，而应送至其他寄存器。

（7）读 ADD 指令的操作数地址，在 LED 上显示，同时 PC+1。上一步取 ADD 指令后，PC 的值增加了 1，当前 PC 的值为 02H，指向 ADD 指令操作数的地址，即 PC 的值是操作数地址的地址。具体操作步骤如下。

① 设计好要使用的微命令，填入表 7-6。

表 7-6　读 ADD 指令的操作数地址微命令

功　能	微　命　令							
	$\overline{\text{SW-BUS}}$	$\overline{\text{PC-BUS}}$	$\overline{\text{LOAD}}$	LDPC	LDAR	$\overline{\text{CE}}$	WE	LDIR
PC→AR,PC+1								
RAM→BUS								

② 设置控制信号：PC→AR,PC+1（　　　　　　　　　　）；单击"start"按钮。等待一个 CPU 周期。

③ 设置控制信号：RAM→BUS（　　　　　　　　　　　　）。

说明：本实验只关注取指令阶段，此处只读出了操作数地址，没有从指定地址中读出操作数，也没有真正执行加法操作，下同。

（8）用同样的方法取 STA 指令到 IR,PC+1；读出 STA 指令的操作数地址,PC+1。

（9）取 JMP 指令并执行，具体操作步骤如下。

① 取指令的微命令上面已经有了，需要补充执行跳转的微命令组合，即用跳转的目的地址改写当前 PC 值的微命令，请设计微命令，填入表 7-7。

表 7-7　取 JMP 指令并执行微命令

功　能	微　命　令							
	$\overline{\text{SW-BUS}}$	$\overline{\text{PC-BUS}}$	$\overline{\text{LOAD}}$	LDPC	LDAR	$\overline{\text{CE}}$	WE	LDIR
PC→AR,PC+1								
RAM→BUS,BUS→PC								

② 用前面的方法取 JMP 指令到 IR,PC+1。

③ 设置控制信号：PC→AR,PC+1（　　　　　　　　　）；单击"start"按钮。等待一个 CPU 周期。

④ 设置控制信号：RAM→BUS,BUS→PC（　　　　　　　　　　　）；单击"start"按

钮。等待一个 CPU 周期,PC 值已被设置为 00H。

（10）尝试在读 ADD 指令的操作数地址时,不仅仅读出操作数地址,也把真正的操作数从存储器读出来,并在 LED 上显示。

7.6 思考与分析

（1）计算机开机的时候,一条指令都没有执行之前,程序计数器 PC 的值是如何设置的?

（2）本实验中,程序计数器是否一直指向下一条要执行的指令?

（3）程序计数器与微程序有什么联系?

第8章

微程序控制器实验

8.1 实验目的

(1) 掌握微程序控制器的组成原理和工作过程。

(2) 理解微指令和微程序的概念,理解微指令与指令的区别与联系。

(3) 掌握指令操作码与控制存储器中微程序的对应方法,熟悉根据指令操作码从控制存储器中读出微程序的过程。

8.2 实验要求

(1) 做好实验预习,读懂实验电路图,熟悉实验元器件的功能特性和使用方法。

(2) 按照实验内容与步骤的要求,独立思考,认真仔细地完成实验。

(3) 写出实验报告。

8.3 实验电路

本实验使用的主要元器件: 4 位数据锁存器 74LS175,2K×8 EPROM2716,时序产生器,或门、与门、开关、指示灯等。芯片详细说明见附录 A。

实验电路图如图 8-1 所示,其中三片 EPROM2716 构成控制存储器,一片 74LS175 为微地址寄存器,与 74LS175 数据输入引脚相连的输入信号线及 6 个门电路构成了地址转移逻辑。注意,2716 输出信号中带后缀♯的信号为低电平有效信号,不带后缀♯的信号为高电平有效信号。为简化电路结构,本实验没有使用微命令寄存器,并且在虚拟实验系统中,将三片 EPROM 组合为一个虚拟 EPROM 组件。本实验使用的 EPROM 和时序产生器一样,均为虚拟实验系统提供的虚拟组件。

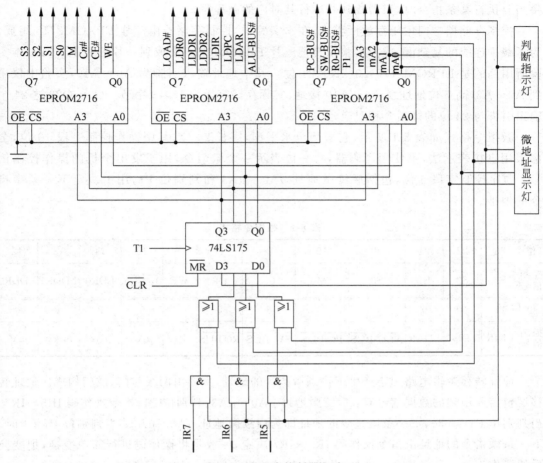

图 8-1　微程序控制器电路

实验电路中涉及的主要控制信号如下。

（1）$\overline{CE}$：2716 芯片的片选信号。$\overline{CE}$ 为 0 时 2716 正常工作，实验中将其接地，恒置为 0。

（2）$\overline{OE}$：2716 读信号。当 $\overline{CE}=0$、$\overline{OE}=0$ 时为读操作，实验中将其接地，恒置为 0。

（3）$\overline{CLR}$：74LS175 芯片的清零信号，低电平有效。

（4）T1：微地址加载信号，在 T1 的上升沿将微地址锁存到 74LS175。

（5）IR5～IR7：指令操作码的输入信号，这几条信号线本应与指令寄存器的输出引脚相连，但在本实验中，与数据开关相连，指令操作码通过数据开关手动设置。

8.4　实验原理

在存储逻辑型计算机中，一条机器指令对应于一个微程序，不同的机器指令对应于不同的微程序，执行一条指令其实就是运行其对应的微程序，微程序由微指令组成，是微指令的有序集合。微程序是在设计一台计算机时就预先设计好并且固化在只读存储器中的，以后每当要执行某条指令时,只需找到并运行其对应的微程序。

控制存储器专门用于存放微程序,在本实验中,控制存储器由三片 EPROM2716 组成。为了减少连线的复杂度,虚拟实验系统把三片 EPROM2716 集成到一片芯片上,因此,本实验所用到的是 EPROM2716×3(2K×24 位),其中地址输入引脚为 A0~A10,实验中仅用到 A0~A3,高 7 位地址线 A4~A10 接地,实际存储容量为 16×3 字节。Q0~Q23 这 24 个输出引脚与 24 位的微指令相对应。

微指令格式如表 8-1 所示,它采用全水平型,字长 24 位,其中操作控制字段 19 位,全部采用直接表示法,不使用译码器,每一位表示一个微命令,用于发出全机的操作控制信号;顺序控制字段 5 位,包括后续微地址 $\mu A0 \sim \mu A3$ 和判别位 P1,用于决定下一条微指令的地址。

表 8-1　微指令格式

位	23	22	21	20	19	18	17	16	15	14	13	12
控制信号	S3	S2	S1	S0	M	$\overline{C_n}$	$\overline{CE}$	WE	$\overline{LOAD}$	LDR0	LDDR1	LDDR2
位	11	10	9	8	7	6	5	4	3	2	1	0
控制信号	LDIR	LDPC	LDAR	$\overline{ALU-BUS}$	PC-BUS	SW-BUS	$\overline{R0-BUS}$	P1	$\mu A3$	$\mu A2$	$\mu A1$	$\mu A0$

地址转移逻辑电路用于产生下一条微指令的地址,主要由两级与门、或门构成。地址转移逻辑需要用到的数据信号有:后续微地址 $\mu A0 \sim \mu A3$、判别位 P1、指令操作码 IR5~IR7。当判别位 P1=0 时,下一条微指令的地址即为后续微地址 $\mu A0 \sim \mu A3$;当判别位 P1=1 时,下一条微指令的地址由指令操作码 IR5~IR7 决定,一般是将操作码进行简单变换,把变换后的值作为下一条微指令的地址,此地址就是该操作码对应的微程序的入口地址。

微地址寄存器 74LS175 为控制存储器提供微指令地址。当 $\overline{CLR}=0$ 时,微地址寄存器清零,控制存储器输出 00H 地址里的微指令,地址转移逻辑生成下一条微指令的地址。此后,每当 T1 上升沿到来时,新的微指令地址会传入微地址寄存器,控制存储器随即输出这条微指令,地址转移逻辑继而生成下一条微指令的地址。如果时序信号连续发生,微指令也会按一定的顺序接连输出。

为了教学简单明了,本实验仅用到四条机器指令:IN(输入)、ADD(加法)、STA(存数)、JMP(无条件转移),操作码分别为 000、001、010、011,机器指令格式如表 8-2 所示。

表 8-2　机器指令格式

助记符	机器码(A 为内存地址 8bit)	长度/bit	功　　能
IN	000XXXXX	8	SW→R0
ADD	001XXXXX　A	16	R0+(A)→R0
STA	010XXXXX　A	16	R0→(A)
JMP	011XXXXX　A	16	A→PC(程序跳转到 A 地址执行)

上述四条指令的微程序流程设计如图 8-2 所示,其中一个方框就对应一条微指令,方框右上角的数字为八进制表示的微地址。一个方框也表示一个 CPU 周期,执行一条微指令需要一个 CPU 周期。四条指令对应四个微程序,每个微程序包括 N 条微指令,需要执行 N 个 CPU 周期。

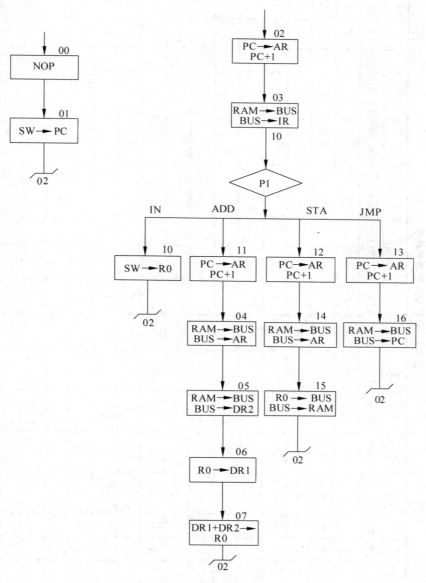

图 8-2 微程序流程图

图 8-2 中的每条微指令都按照表 8-1 的格式编写了二进制代码,并预存在控制存储器芯片 EPROM2716×3 中。其中,部分微指令二进制代码如表 8-3 所示。

注意:微地址是用八进制表示的。

表 8-3　微指令二进制代码表

位	23	22	21	20	19	18	17	16	15	14	13	12	11	10	9	8	7	6	5	4	3	2	1	0
地址	S3	S2	S1	S0	M	$\overline{C_n}$	$\overline{CE}$	WE	$\overline{LOAD}$	LDR0	LDDR1	LDDR2	LDIR	LDPC	LDAR	ALU-BUS	PC-BUS	SW-BUS	R0-BUS	P1	μA3	μA2	μA1	μA0
00	0	0	0	0	0	1	1	0	1	0	0	0	0	0	0	1	1	1	1	0	0	0	0	1
01	0	0	0	0	0	1	1	0	0	0	0	0	0	1	0	1	1	1	1	0	0	0	1	0
02	0	0	0	0	0	1	1	0	1	0	0	0	0	1	1	1	0	0	1	0	0	0	1	1
03	0	0	0	0	0	1	0	0	1	0	0	0	1	0	0	1	1	1	1	1	1	0	0	0
04																								
05																								
06																								
07																								
10	0	0	0	0	0	1	1	0	1	1	0	0	0	0	0	1	1	0	1	0	0	0	1	0
11	0	0	0	0	0	1	1	0	1	0	0	0	0	1	1	1	0	1	1	0	0	1	0	0
12	0	0	0	0	0	1	1	0	1	0	0	0	0	0	1	1	1	1	1	0	1	1	1	0
13	0	0	0	0	0	1	1	0	1	0	0	0	0	1	1	1	0	1	1	0	1	1	1	0
14																								
15																								
16																								

8.5 实验内容与步骤

(1) 运行虚拟实验系统,按照图 8-1 绘制实验电路,生成如图 8-3 所示电路。

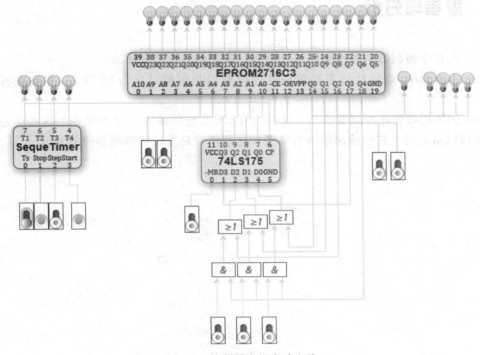

图 8-3 控制器虚拟实验电路

(2) 电路预设置: 将 EPROM2716 芯片的 $\overline{CE}$、$\overline{OE}$、A4、A5 引脚置 0,微地址寄存器 74LS175 的 $\overline{CLR}$ 置 0,时序产生器的 step 置 1。

(3) 打开电源。此时由于 $\overline{CLR}=0$,微地址寄存器清零,给出微程序入口地址 00H,控制存储器随之输出第 00 号微指令。

(4) 将 $\overline{CLR}$ 设置为 1,否则微地址寄存器会一直处于清零状态。

(5) 将 IR5~IR7 均设置为 0,思考并回答问题:若此时连续不断地发出时序信号,微程序的执行流程是怎样的? 请按顺序写出前 10 条微指令的地址。

(6) 连续单击"start"按钮,观察微指令的输出顺序,检验控制存储器输出的微指令是否与表 8-3 中的相符,验证上一步预测的顺序是否正确。

(7) 设置 IR5~IR7 的不同组合,用单步方式分别读出 ADD、STA 和 JMP 三条指令的微程序,用后续微地址和判别指示灯跟踪微程序执行及转移情况,将表 8-3 中缺少的微程序代码补充完整。

（8）思考并回答问题：若不改变控制器实验电路，IN、ADD、STA 和 JMP 四条指令的微程序在控制存储器中的存放位置是否可以随意安排？有什么限制？为什么？

_____

_____

8.6　思考与分析

（1）微程序控制器主要由哪些部件组成？各部件的功能是什么？

（2）本实验中，地址转移逻辑电路是怎样利用判别测试字段（P 字段）实现微程序分支的？

（3）如果把微程序控制器看作一个黑盒子，那么它的输入信号有哪些？这些信号是哪些部件提供给它的？它的输出信号有哪些？这些信号是发送给哪些部件的？

第 9 章

简单模型机实验

9.1 实验目的

(1) 通过总线将微程序控制器与运算器、存储器等联机,组成一台模型计算机。

(2) 用微程序控制器控制模型机数据通路,运行由四条机器指令组成的简单程序。

(3) 掌握微指令与机器指令的关系,建立整机概念。

9.2 实验要求

(1) 做好实验预习,复习微指令和机器指令的概念,读懂实验电路图,熟悉实验元器件的功能特性和使用方法。

(2) 对于实验任务中的问题,在实验前预先给出答案,以便与实验结果相比较。

(3) 在实验过程中单步运行微程序,注意理解微程序与程序的联系和区别。

(4) 写出实验报告。

9.3 实验电路

本实验综合了前面几章中实验的电路,将运算器模块、存储器模块和控制器模块通过总线连接在一起,组成了一个简单的模型机,其电路如图 9-1 所示。

实验电路中的主要控制信号如下。

(1) M:选择 ALU 的运算模式(M=0,算术运算; M=1,逻辑运算)。

(2) S3、S2、S1、S0:选择 ALU 的运算类型。如 M=0 时,设为 1001 表示加法运算。

(3) $\overline{C_n}$:向 ALU 最低位输入的进位信号,$\overline{C_n}=0$ 时有进位输入,$\overline{C_n}=1$ 时无进位输入。

(4) LDDR1:DR1 的数据加载信号,当 LDDR1=1 时,在 T4 的上升沿将数据锁存到 DR1。

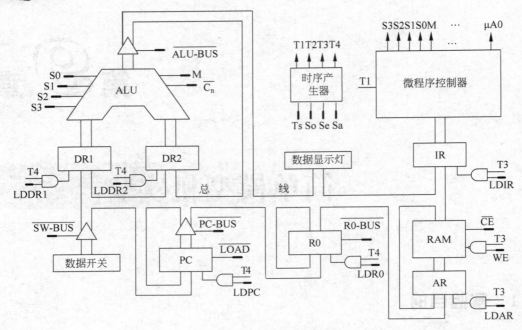

图 9-1　简单模型机总框图

（5）LDDR2：DR2 的数据加载信号，当 LDDR2＝1 时，在 T4 的上升沿将数据锁存到 DR2。

（6）$\overline{\text{ALU-BUS}}$：ALU 输出三态门使能信号，当它为 0 时，将 ALU 运算结果输出到总线。

（7）$\overline{\text{SW-BUS}}$：开关输出三态门使能信号，当它为 0 时，将 SW0～SW7 数据发送到总线。

（8）$\overline{\text{PC-BUS}}$：PC 输出三态门使能信号，当它为 0 时，将 PC 的值输出到总线。

（9）$\overline{\text{LOAD}}$：PC 的置数信号，当它为 0 时，PC 工作在置数模式，此时可为 PC 设置初值。

（10）LDPC：PC 加载信号，当 LDPC＝1 时，在 T4 的上升沿执行清零、置数或者计数操作。

（11）$\overline{\text{R0-BUS}}$：R0 芯片的输出控制信号，当它为 0 时，将 R0 中的数据输出到总线。

（12）LDR0：R0 的数据载入信号，当 LDR0＝1 时，在 T4 的上升沿将数据存入 R0。

（13）LDIR：IR 的加载信号，当 LDIR＝1 时，在 T3 的上升沿将指令锁存到 IR。

（14）$\overline{\text{CE}}$：6116 芯片的片选信号。$\overline{\text{CE}}$ 为 0 时，6116 芯片正常工作。

（15）WE：6116 芯片写信号，在 $\overline{\text{CE}}$＝0 的前提下，当 WE＝1 且 T3＝1 时进行写操作，WE＝0 进行读操作。

（16）LDAR：AR 的地址加载信号，当 LDAR＝1 时，在 T3 的上升沿将地址锁存到 AR。

（17）T1～T4：时序信号，对应一个 CPU 周期。

（18）Ts、So、Se、Sa：Ts 为时钟源输入，So 为停止信号，Sa 为开始信号，Se 为单步运行状态。

9.4　实验原理

在累加器实验中，实现了通过手动设置微指令完成相应微操作；在程序计数器实验中，实现了自动依次取出机器指令存入指令寄存器 IR；在控制器实验中,实现了自动按照 IR 中的指令逐条取出对应的微指令。

在本实验中,程序存储在 RAM 中,微程序存储在控制存储器中,要实现自动从 RAM 里逐条取出指令放入 IR,并按照 IR 中的指令自动从控制存储器读出相应的微程序执行。

本实验用到的微指令长度为 24bit,微指令格式如表 9-1 所示。

表 9-1　微指令格式

位	23	22	21	20	19	18	17	16	15	14	13	12
控制信号	S3	S2	S1	S0	M	$\overline{C_n}$	$\overline{CE}$	WE	$\overline{LOAD}$	LDR0	LDDR1	LDDR2

位	11	10	9	8	7	6	5	4	3	2	1	0
控制信号	LDIR	LDPC	LDAR	$\overline{ALU\text{-}BUS}$	$\overline{PC\text{-}BUS}$	$\overline{SW\text{-}BUS}$	$\overline{R0\text{-}BUS}$	P1	$\mu A3$	$\mu A2$	$\mu A1$	$\mu A0$

本实验使用的微程序流程如图 9-2 所示。

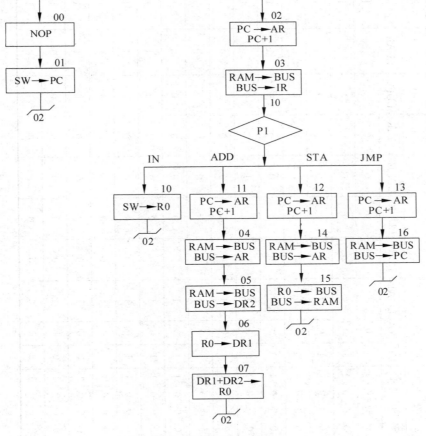

图 9-2　微程序流程图

对应的微程序代码存放在控制储存器中,如表 9-2 所示。

表 9-2　微程序二进制代码表

位	23	22	21	20	19	18	17	16	15	14	13	12	11	10	9	8	7	6	5	4	3	2	1	0
地址	S3	S2	S1	S0	M	C̄ₙ	C̄E	WE	L̄ŌĀD̄	LDR0	LDDR1	LDDR2	LDIR	LDPC	LDAR	ALU-BUS	PC-BUS	SW-BUS	R0-BUS	P1	μA3	μA2	μA1	μA0
00	0	0	0	0	1	1	1	0	1	0	0	0	0	0	0	1	1	1	1	1	0	0	0	1
01	0	0	0	0	0	1	1	0	0	0	0	0	0	0	0	1	1	1	1	0	0	0	0	0
02	0	0	0	1	0	1	1	0	1	0	0	0	0	1	1	1	1	0	1	0	0	0	1	1
03	0	0	0	0	0	0	0	0	1	0	0	1	1	1	1	1	0	1	1	1	1	0	0	0
04	0	0	0	0	0	1	0	0	1	0	1	0	0	0	0	1	1	1	1	0	0	1	1	1
05	0	1	0	0	0	1	1	0	1	1	0	0	0	0	0	0	1	1	0	0	0	0	1	0
06	1	0	0	1	0	1	1	0	1	0	0	0	0	0	0	1	1	0	1	0	0	0	1	1
07	1	0	0	0	0	1	1	0	1	0	0	0	0	0	0	0	1	1	1	0	0	0	1	0
10	0	0	0	0	0	1	1	0	1	0	0	0	0	0	0	1	1	0	1	0	0	0	0	0
11	0	0	0	0	0	1	1	0	1	0	0	0	0	0	1	1	0	1	1	0	1	1	1	0
12	0	0	0	0	0	0	1	0	1	0	0	0	0	1	1	1	1	1	1	0	1	1	1	0
13	0	0	0	0	0	0	1	0	1	0	0	0	0	1	1	1	1	1	0	0	1	1	1	0
14	0	0	0	0	0	0	0	1	1	0	0	0	0	0	0	1	1	1	1	0	0	1	1	0
15	0	0	0	0	0	0	0	1	1	0	0	0	0	0	0	1	1	1	0	0	0	1	1	0
16	0	0	0	0	0	1	1	0	0	0	0	0	0	1	0	1	1	1	1	0	0	0	0	0

一条机器指令对应一个微程序,一个微程序是多条微指令的有序集合。

模型机共包含四条指令,指令格式如表 9-3 所示。本实验用这四条指令编写了一个简单程序,并已存入 ARM。RAM 中的程序和数据如表 9-4 所示。

表 9-3 机器指令格式

助记符	机器码(A 为内存地址 8bit)	长度/bit	功　　能
IN	000XXXXX	8	SW→R0
ADD	001XXXXX　A	16	R0+(A)→R0
STA	010XXXXX　A	16	R0→(A)
JMP	011XXXXX　A	16	A→PC(程序跳转到 A 地址执行)

表 9-4 RAM 中的程序和数据

地址(八进制)	内　　容	含　　义
00	00000000	IN(开关数据自定)
01	00100000	ADD
02	00001000	10
03	01000000	STA
04	00001001	11
05	01100000	JMP
06	00000000	00
07		
10	00001011	
11		

9.5 实验内容与步骤

(1) 运行虚拟实验系统,导入实验电路如图 9-3 所示。

(2) 打开电源开关。

(3) 进行电路预设置。将 DR1、DR2 和 AR 的 $\overline{\text{MR}}$ 置 1,将计数器的 $\overline{\text{CR}}$、ENT、ENP 置 1,时序产生器的 step 置 1(可在开电源之前设置)。微地址寄存器 74LS175 和指令寄存器 IR 的 $\overline{\text{MR}}$ 置 1。此时微地址寄存器和 IR 已初始化为零,模型机将从控制存储器的零地址开始运行。

(4) 在数据开关(SW0~SW7)上设置好程序的起始地址(00000000)。

(5) 单击 1 次时序产生器的"start"按钮,思考并回答问题:此时执行的是微程序流程图中的第几条微指令?作用是什么?

答:_____

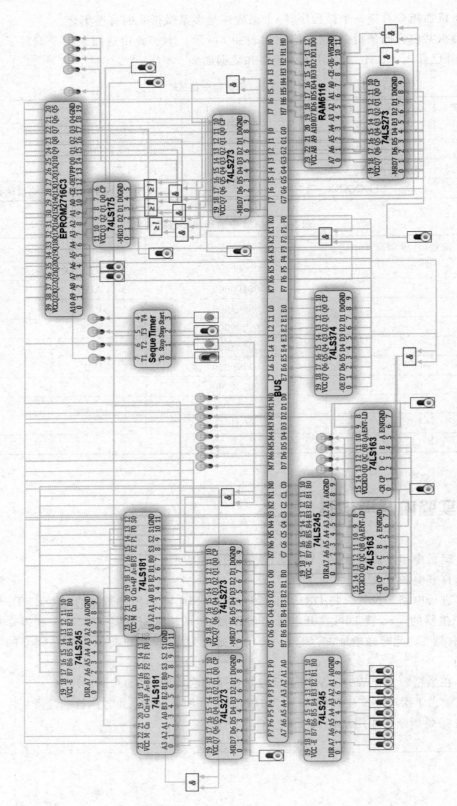

图 9-3　简单模型型机虚拟实验电路

（6）再单步执行 2 条微指令,思考并回答问题:这两条微指令的作用是什么?

答:_____

（7）通过数据开关(SW0～SW7)设置操作数 1 的值为 10100。思考并回答问题:此设置是否可以提前? 如果可以,最早应该在以上第几步之后?

答:_____

（8）单击"start"按钮,执行微指令 SW→R0,将操作数 1 保存到累加器 R0 中。

（9）继续单步执行之后的微指令,直到第一轮循环结束。在此过程中注意观察总线上数据显示灯的显示,并说明每个显示出来的数字的意义,将表 9-5 补充完整。

表 9-5 总线数据表

序号	总线上数据 (二进制)	微指令编号 (八进制)	意义(地址用二进制表示)
1	00000001	02	当前 PC 的值,即内存地址 01
2	00000010	02	递增 1 后的 PC 值
3	00100000	03	内存地址 01 中的 ADD 指令操作码
4	00000010		
5	00000011		
6	00001000		
7	00001011		
8	00010100		
9	00011111		
10	00000011	02	当前 PC 的值,即内存地址 11
11	00000100	02	递增 1 后的 PC 值
12	01000000		
13	00000100	12	当前 PC 的值,即内存地址 100
14	00000101	12	递增 1 后的 PC 值
15	00001001	14	内存地址 100 中的数据,此数据也是一个地址
16	00000000	14	内存地址 1001 中的数据
17	00011111		
18	00000101	02	当前 PC 的值,即内存地址 101
19	00000110	02	递增 1 后的 PC 值
20	01100000		
21	00000110	13	当前 PC 的值,即内存地址 110
22	00000111	13	递增 1 后的 PC 值
23	00000000		

（10）利用菜单"工具/存储器芯片读写"选项,查看运算结果是否已填入指定内存单元。

9.6 思考与分析

（1）指令与微指令、程序与微程序之间有什么联系?

（2）无论是程序还是微程序都必须按一定的顺序执行其中的指令或微指令,分别说明它们确定下一条要执行的指令或微指令的方法。

第 10 章

微程序设计实验

10.1 实验目的

(1) 在简单模型机的基础上，通过知识的综合运用，进行 5 条机器指令的微程序设计。

(2) 进一步理解微程序控制器的工作原理，掌握指令与微指令的区别与联系。

(3) 通过编写和调试微程序，提高研究与设计能力。

10.2 实验要求

(1) 做好实验预习，读懂实验电路图，熟悉实验元器件的功能特性和使用方法。

(2) 在实验前做好微程序设计的全部工作，实验时只进行调试与验证。

(3) 按照实验内容与步骤的要求，独立思考，认真仔细地完成实验。

(4) 写出实验报告。

10.3 实验电路

本实验电路与简单模型机实验电路完全相同，如图 10-1 所示，电路详细说明见第 9 章，此处不再赘述。

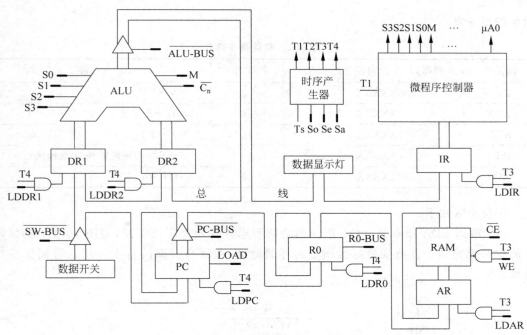

图 10-1　简单模型机总框图

10.4　实验原理

在简单模型机实验中,控制存储器里存放了四个微程序,对应四条指令,即此模型机只能运行四条指令。

本实验在简单模型机的基础上,实现一个包含五条指令的指令集。实验电路、指令格式都无须修改,只要修改控制存储器中的微程序,以及内存中的测试程序。

本实验用到的微指令格式与简单模型机实验相同,如表 10-1 所示。

表 10-1　微指令格式

位	23	22	21	20	19	18	17	16	15	14	13	12
控制信号	S3	S2	S1	S0	M	$\overline{C_n}$	$\overline{CE}$	WE	$\overline{LOAD}$	LDR0	LDDR1	LDDR2
位	11	10	9	8	7	6	5	4	3	2	1	0
控制信号	LDIR	LDPC	LDAR	$\overline{ALU\text{-}BUS}$	$\overline{PC\text{-}BUS}$	$\overline{SW\text{-}BUS}$	$\overline{R0\text{-}BUS}$	P1	μA3	μA2	μA1	μA0

10.5　实验内容与步骤

本实验的总任务为:在简单模型机的基础上,将 ADD 指令修改为 LDA 指令,并增加一条 NOT 指令。LDA 的功能为读内存,NOT 的功能为对 R0 寄存器的值取反。实现表 10-2

所示的指令集。

表 10-2　机器指令格式

助记符	机器码(A 为内存地址 8bit)	长度/bit	功　　能
IN	000XXXXX	8	SW→R0
LDA	001XXXXX　A	16	(A)→R0
STA	010XXXXX　A	16	R0→(A)
JMP	011XXXXX　A	16	A→PC(程序跳转到 A 地址执行)
NOT	100XXXXX	8	NOT R0→R0

实验步骤如下。

（1）根据 LDA 指令及 NOT 指令的功能要求修改微程序流程图，将图 10-2 中的微程序流程补充完整。注意安排好微指令的存储地址，在所有方框的右上角用八进制标出微地址。

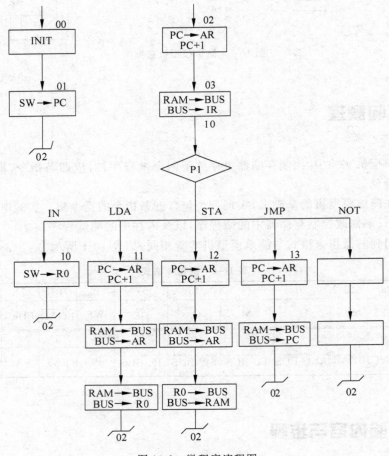

图 10-2　微程序流程图

（2）根据微程序流程图修改微程序代码表，将表 10-3 补充完整。

表 10-3 微程序二进制代码表

位	23	22	21	20	19	18	17	16	15	14	13	12	11	10	9	8	7	6	5	4	3	2	1	0
地址	S3	S2	S1	S0	M	$\overline{C_n}$	$\overline{CE}$	$\overline{WE}$	LOAD	LDR0	LDDR1	LDDR2	LDIR	LDPC	LDAR	ALU-BUS	PC-BUS	SW-BUS	R0-BUS	P1	μA3	μA2	μA1	μA0
00	0	0	0	0	0	1	1	0	1	0	0	0	0	0	0	1	1	1	1	0	0	0	0	1
01	0	0	0	0	0	1	1	0	0	0	0	0	0	1	0	1	1	0	1	0	0	0	0	0
02	0	0	0	0	0	1	1	0	1	0	0	0	0	1	1	0	0	1	1	1	0	0	1	1
03	0	0	0	0	0	1	0	0	1	0	0	0	1	0	0	1	1	1	1	1	1	0	0	0
04																								
05																								
06																								
07																								
10	0	0	0	0	0	1	1	1	1	1	0	0	0	0	1	1	1	0	1	0	0	0	1	0
11	0	0	0	0	0	1	1	1	1	0	0	0	0	1	1	1	0	1	1	0	0	1	0	0
12	0	0	0	0	0	1	1	1	1	0	0	0	0	1	1	1	1	1	1	0	0	1	1	0
13	0	0	0	0	0	1	0	1	1	0	0	0	0	1	1	1	0	1	1	0	1	1	0	1
14																								
15																								
16																								

（3）修改测试程序，将表 10-4 补充完整。程序功能要求：从存储器 10O 地址读出操作数，将其取反后，再存入 11O 存储单元。

表 10-4　RAM 中的程序和数据

地址（八进制）	内　容	含　义
00		
01		
02		
03	01000000	STA
04	00001001	11
05	01100000	JMP
06	00000000	跳转的目的地址
07		
10	00001011	操作数
11		运行结果

（4）运行虚拟实验系统，导入实验电路，打开电源。

（5）进行电路预设置。将 DR1、DR2 和 AR 的 $\overline{MR}$ 置 1，将计数器的 $\overline{CR}$、ENT、ENP 置 1，时序产生器的 step 置 1（可在开电源之前设置），再将微地址寄存器 74LS175 和指令寄存器 IR 的 $\overline{MR}$ 置 1。

（6）选择"菜单"→"工具"→"存储器芯片读写"功能，修改控制存储器 EPROM2716 原有代码，写入新的微程序代码

（7）选择"菜单"→"工具"→"存储器芯片读写"功能，按照表 10-4 修改 RAM 6116 芯片的内容。

（8）在数据开关（SW0～SW7）上设置好程序起始地址（00000000）。

（9）单步运行程序，观察执行过程是否与微程序流程图一致，以及最终结果是否正确。

（10）如果遇到错误，找出错误的原因，并修改至正确为止。

10.6　思考与分析

（1）为使用微指令的 P 字段实现微程序分支，微指令存放的地址是否有限制？本实验中 NOT 指令的两条微指令是否可以存放在任意地址中？

（2）微指令的编码格式有哪几种？本实验使用的是哪一种？

（3）若本实验还要再增加 2 条指令，是否需要增加或修改硬件？哪些部件需要修改？

第11章

模型机课程设计

11.1 实验目的

（1）理解所学知识，设计和调试一台模型计算机。
（2）进一步掌握计算机组成的基本原理，建立整机概念。
（3）培养工程设计和研究能力。

11.2 实验要求

（1）独立思考，独立设计，独立调试。
（2）用心思考，精心设计，细心调试。
（3）写出实验报告。

11.3 实验任务

（1）设计一台模型机，要求模型机的指令集如表 11-1 所示。

表 11-1 模型机指令集

指 令		符 号	功 能 说 明
运算指令	加法	ADD M	A+(M)→A
	减法	SUB M	A−(M)→A
	比较	CMP M	A−(M)
	加1	INC	A+1→A
	清零	CLA	0→A
数据传递指令	取数	LDA M	(M)→A
	存数	STA M	A→(M)

续表

指　令		符　号	功　能　说　明
转移指令	无条件跳转	JMP　M	无条件跳转至 M
	相等则跳转	BEQ　M	相等则跳转至 M
I/O 指令	输入	IN	SW→A

注：M 表示存储单元地址；(M)表示 M 存储单元中的内容；A 表示累加寄存器。

（2）编写程序，求 $S=1+2+3+\cdots+N$，$0<N<20$，N 从数据开关输入，S 存入存储器，并在模型机上运行此程序。

（3）调试成功后，整理出设计文档，包括机器指令表、微指令格式表、电路总框图、微程序控制器电路图、微程序流程图、微程序代码表、程序代码。

11.4　设计思路与难点分析

最简单的设计思路是从现有的系统出发，在此基础上进行修改。第 9 章已经实现了一个非常简单的模型机，因此，可以从这个模型机入手，进行比较、分析和设计。

先看指令的条数，与第 9 章的简单模型机相比，本实验的模型机功能更强，指令数更多，从四条指令增加到十条，这就意味着微地址的位数可能增加，进而影响微指令的格式。

另外，简单模型机中的微指令长度为 24 位，正好可以用三片 EPROM2716 来存放，如果指令长度增加，三片 EPROM2716 就放不下了。解决的方法一般有两种，一是使用四片 EPROM2716；二是仍然使用三片 EPROM2716，但在指令格式中使用译码字段、在电路中增加译码器来减少位数，保持指令的长度不变。为了电路的简洁，建议使用第一种方法。

无论使用以上哪种方法，微地址形成电路都需要修改，因为以前的电路最多只能生成 4 位的微地址，显然满足不了现在的需求。

再比较指令的功能，此模型机比第 9 章的模型机多了四条算术逻辑运算指令和两条访存指令，其中比较特殊的是相等则跳转指令，这是一条条件转移指令，只有满足比较结果相等的条件才执行跳转操作。为实现此功能，需要做的主要工作如下。

（1）增加一片 74LS175 作为状态条件寄存器，用于保存 74LS181 的 A＝B 引脚的值。

（2）在微指令格式中增加一个判别测试位 P2 和一个标志影响位 LDSC。LDSC 位高电平有效，只有此位为 1 的微指令才会影响状态条件寄存器的值，此位为 0 的微指令的运算结果不存入状态条件寄存器。

（3）修改微地址形成电路，在电路中使用 P2 进行判别测试，并根据状态条件寄存器的值形成正确的跳转地址。

微程序控制器设计是此实验的难点，其他电路模块几乎不需要修改，在设计时请开动脑筋，并查阅相关资料。

11.5　实验内容与步骤

（1）指令设计，将指令格式、操作码等填入表 11-2 中。

表 11-2　机器指令表

序号	指令符号	指令二进制代码	长度/bit
1			
2			
3			
4			
5			
6			
7			
8			
9			
10			

（2）微指令格式设计，将微指令格式填入表 11-3。

表 11-3　微指令格式

位	13	12	11	10	9	8	7	6	5	4	3	2	1	0
控制信号														
位	27	26	25	24	23	22	21	20	19	18	17	16	15	14
控制信号														

（3）模型机数据通路总体设计。根据指令集的功能要求设计模型机的数据通路，将图 11-1 补充完整，标出各控制信号的名称。

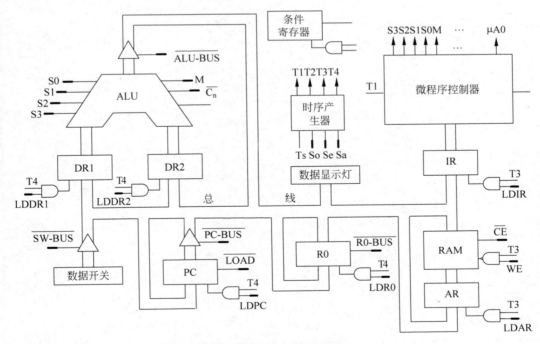

图 11-1　数据通路总框图

(4) 微程序控制器设计,在图 11-2 中画出微程序控制器详细电路图,并标出各种控制信号。

微程序控制器详细电路图绘图区域

(5) 微程序流程设计,完成图 11-2 所示的微程序流程图。

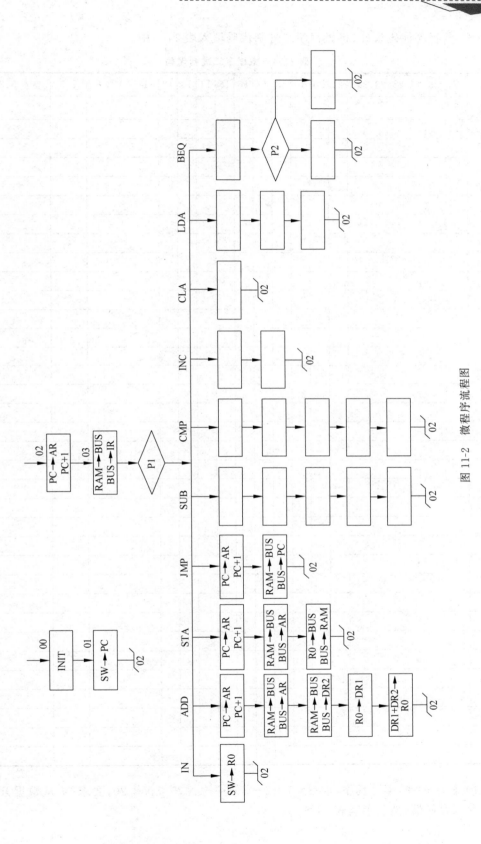

图 11-2 微程序流程图

（6）微程序代码设计,将微程序二进制代码填入表 11-4 中。

表 11-4　微程序二进制代码

位 地址	27 26 25 24 23 22	21	20	19	18	17	16	15	14	13	12	11 10 9 8	7 6	5 4 3 2 1 0
00														
01														
02														
03														
04														
05														
06														
07														
10														
11														
12														
13														
14														
15														
16														
17														
20														
21														
22														
23														
24														
25														
26														
27														
30														
31														
32														
33														
34														
35														
36														
37														
40														
41														

（7）程序设计,编写程序,求 $S=1+2+3+\cdots+N, 0<N<20$,要求 N 从数据开关输入,S 存入存储器,然后填写表 11-5。

表 11-5 内存中的程序与数据

内存地址	内　容	含　义
00		
01		
02		
03		
04		
05		
06		
07		
10		
11		
12		
13		
14		
15		
16		
17		
20		
21		
22		
23		
24		
25		

　(8) 按照以上设计修改电路,修改 RAM 内容、微程序存储器内容。在模型机上运行程序,观察程序的运行过程和结果,如果有错误,找到并改正错误,直到正确为止。注意电路的初始化过程和输入地址、数据的时机。

第二部分

相关知识点

第12章

计算机系统概述

12.1 计算机系统的基本组成

完整的计算机系统包括硬件和软件两大部分。硬件通常是指看得见、摸得着的设备实体。它是由各种电子元器件，各类光电、机电设备，电子线路等实物构成的有形物体，如主机、硬盘、鼠标等。软件是指看不见、摸不着的，是人们事先编写、具有特定功能的各类程序和文档。计算机系统的组成如图 12-1 所示。

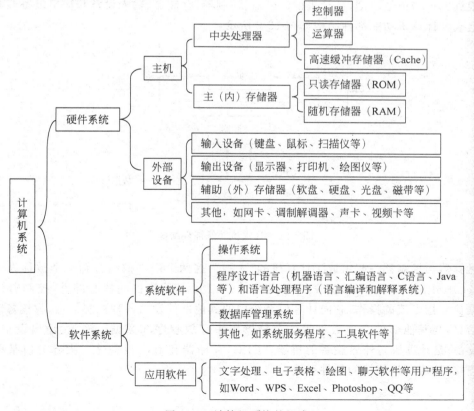

图 12-1　计算机系统的组成

硬件系统分为主机和外部设备,主机主要包括中央处理器(控制器、运算器、高速缓冲存储器)和主存储器,外部设备主要包括输入设备、输出设备、辅助存储器等。

软件系统可分为系统软件和应用软件。系统软件主要包括操作系统、程序设计语言和语言处理程序、数据库管理系统等。应用软件是为解决某个应用领域的具体问题而编写的程序,比如文字处理软件、绘图软件、聊天软件等。

12.2 计算机的硬件

1946年以数学家冯·诺依曼为首的研究小组提出了"存储程序"的概念。以此概念为基础设计的计算机统称为冯·诺依曼型计算机,其基本设计思想主要包括以下三点。

(1) 计算机硬件由运算器、控制器、存储器、输入设备和输出设备五大部分组成。

(2) 计算机内部采用二进制表示指令和数据。

(3) 将程序和原始数据预先存入存储器中,然后再启动计算机工作,使计算机在不需要人工干预的情况下,自动地、按顺序从存储器中取出指令执行,这就是存储程序的基本含义。

这些思想奠定了现代计算机的基本结构,开创了程序设计的时代,是计算机发展史上的一个里程碑。半个多世纪以来,虽然计算机的体系结构发生了重大的变化,性能也有了惊人的提高,但至今大多数计算机依然遵循冯·诺依曼提出的五大组成部件、二进制、存储程序和程序控制的原理。

根据冯·诺依曼原理,计算机由运算器、控制器、存储器、输入设备和输出设备五大功能部件组成。计算机功能部件结构如图 12-2 所示。

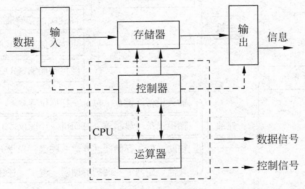

图 12-2　计算机功能部件结构

运算器与控制器一起组成了计算机的"大脑",这两个部件被组合到一个被称为中央处理器(central processing unit,CPU)的芯片上。CPU 是计算机的核心部件,控制着计算机内数据流与指令流的操作,它向计算机系统中的其他部件发出各种控制信息,收集各部件的状态信息,与其他部件交换数据等。存储器用来存放程序和数据。输入、输出设备(简称 I/O 设备)是计算机与外界联系的桥梁。CPU、存储器和 I/O 设备这三大部分以某种方式互相连接,构成了计算机的硬件系统。

1. 中央处理器

中央处理器(CPU)主要包括运算器和控制器两大部分。运算器是对信息进行加工处理的部件,加工处理主要包括对数值数据的算术运算(如加、减、乘、除等)以及对逻辑数据的逻辑运算(如与、或、非等),这些功能是由 CPU 内的算术与逻辑运算部件(ALU)完成的。此外,在运算器中还含有能暂时存放数据或结果的寄存器。控制器是整个计算机的指挥中心,它根据事先编好的程序,产生各种控制信号,控制计算机的各部件有条不紊地协调工作。控制器由程序计数器(program counter,PC)、指令寄存器(instruction register,IR)以及控制单元(control unit,CU)等部分组成。指令以二进制代码的形式存在,它规定了 CPU 将要执行的动作。PC 用来存放将要执行的下一条指令的地址,从该地址取出的指令会存入指令寄存器,由 CPU 分析此指令所需完成的操作,并发出相应的控制信号,控制各部件完成指令功能。

2. 存储器

存储器分为主存储器(也称为内存储器)和辅助存储器(也称为外存储器)。CPU 能够直接访问的存储器是主存储器(简称主存或内存)。主存存放当前计算机运行所需要的程序和数据。主存容量一般较小,但存取速度高。辅助存储器(简称辅存,也叫外存)用来存放当前暂时不用的程序和数据,在需要时可与主存成批交换数据,如硬盘。外存容量较大但存取速度较低,而且不能直接与 CPU 交换信息,需要将它的信息传送到内存后才能由 CPU 进行处理,其性质和输入、输出设备相同,所以一般把外存归属于外部设备。

3. I/O 设备

I/O 设备包括输入设备、输出设备和接口电路。输入设备将人们输入的程序、数据和命令转换成计算机能够识别和接收的信息形式输入到计算机内。常用的输入设备有键盘、鼠标、扫描仪、光笔、条形码读入器等。输出设备将计算机处理的结果转换成人们或其他系统所要求的信息形式输出。常用的输出设备有显示器、打印机、CRT 终端(视频数据终端)、自动绘图机等。

由于 I/O 设备的速度通常无法与 CPU 的速度匹配,再加上两者表示信息的格式不同等原因,每种设备与主机都要通过一个称为 I/O 接口(适配器)的电路相连,实现信息交换。

CPU、主存储器组成主机,输入、输出设备和外存储器组成外部设备。

12.3 计算机的工作过程

冯·诺依曼计算机"存储程序"的工作方式,是一种指令流(控制流)驱动方式,即按照指令的执行顺序,依次读取指令,根据每条指令的内容发出控制信息,完成一系列操作。

计算机能进行的每个基本操作都对应了一条机器指令,简称指令。指令一般包含操作码和地址码两部分内容。其中操作码是告诉计算机进行什么样的操作,如加法运算、减法运算、乘法运算、除法运算、取数据、传送数据、存储数据等。地址码则是表示参加运算的操作数的地址,比如操作数应该从存储器的哪个单元中获得,或运算的结果应该存放到存储器的哪个单元中。指令的操作码和地址码都是用二进制代码表示的。

假定某计算机可以执行 6 个基本操作,对应了 6 条指令,这 6 条指令可用 3 位二进制代码表示,如表 12-1 所示。

表 12-1 指令的操作码定义

操作码	所执行的操作
001	取数:将指令地址码指定的存储单元中的数取到累加寄存器 AC 中
010	存数:将 AC 中的数存入地址码指定的存储单元中
011	加法:将地址码指定的存储单元中的数与 AC 中的数相加,结果存入 AC
100	乘法:将地址码指定的存储单元中的数与 AC 中的数相乘,结果存入 AC
101	显示:将地址码指定的存储单元中的数在数码管上显示出来
110	停机

由表 12-1 可以看到指令已经数字化,例如操作码 011 表示进行加法运算,操作码 100 表示进行乘法运算。

当需要计算机完成某个任务或解决某个问题时,需要预先把解决问题的操作步骤写下来。为解决某一具体问题而编写的一串指令序列就称为程序。

例如,若要求解 $y = 5 \times 6 + 7$,可以编写如表 12-2 所示的程序。其中,A、B、C、D 分别表示 5、6、7、y 这四个数在存储器中存放的地址。

表 12-2 求解 $y = 5 \times 6 + 7$ 的程序

指令		含义
操作码	地址码	
001	A	将 5 取到累加寄存器 AC 中
100	B	将 6 与 AC 中的数相乘,结果存入 AC
011	C	将 7 与 AC 中的数相加,结果存入 AC
010	D	将 AC 中的数存入存储单元 D 中
101	D	存储单元 D 中的数在数码管上显示出来
110		停机

在运行程序前,要先把程序和数据都存放到存储器中,假设存放情况如表 12-3 所示。注意,为了简化过程、方便讲解,此例中的指令长度均为 1 字节,实际机器中的指令长度往往多于 1 字节。

表 12-3 在存储器中的 $y = 5 \times 6 + 7$ 的程序

存储单元地址	存储单元内容	说明
0000	001 0110	将 0110 地址中的数取到累加寄存器 AC 中
0001	100 0111	将 0111 地址中的数与 AC 中的数相乘,结果存入 AC
0010	011 1000	将 1000 地址中的数与 AC 中的数相加,结果存入 AC
0011	010 1001	将 AC 中的数存入 1001 地址中
0100	101 1001	1001 地址中的数在数码管上显示出来
0101	110 0000	停机
0110	0101	0110 地址存放了操作数 5
0111	0110	0111 地址存放了操作数 6

存储单元地址	存储单元内容	说 明
1000	0111	1000 地址存放了操作数 7
1001		1001 地址将存放运行结果 37

计算机工作时,CPU 会自动从存储器中一条一条地取出指令并执行,直到程序结束。具体过程如下。

(1) CPU 将程序的起始地址 0000 存入程序计数器 PC 中。

(2) 取指令,CPU 根据 PC 里的地址从存储器取出一条指令放入指令寄存器 IR 中,PC=PC+1。

(3) 分析 IR 中的指令,包括分析指令应该执行什么操作、如何得到操作数等。

(4) 执行 IR 中的指令,如果是停机指令则程序结束,否则继续下一步。

(5) 跳转到第(2)步,取下一条指令。

其中第(2)步到第(4)步是指令执行的基本过程,称为一个指令周期。每个指令周期开始,CPU 都会根据程序计数器 PC 中的地址从存储器中取指令,取出的指令装入 CPU 中的指令寄存器 IR,然后根据具体的指令完成相应的操作。这样连续 6 个周期后,CPU 就执行完了整个程序。这就是计算机在程序的控制下自动工作的过程。

第 13 章

运算方法和运算器

计算机中的数据处理分为算术运算和逻辑运算两部分,运算器作为计算机的主要功能部件之一用来完成数据处理。算术逻辑运算单元(arithmetic and logic unit,ALU)是计算机实际完成算术运算和逻辑运算的部件。加法是算术运算的核心,加法器作为 ALU 的核心部件,是决定 ALU 运算速度的主要因素。本章将介绍全加器、串行加法器、并行加法器及多功能算术逻辑运算单元 ALU 的原理和功能。

13.1 全加器

全加器是用来完成全加运算的逻辑部件。全加运算是指两个一位二进制数考虑低位进位的加法运算。全加器有三个输入端,即第 i 位的两个操作数被加数 A_i、加数 B_i 及来自低位的进位信号 C_i;两个输出端,即全加和 S_i 与向高位进位信号 C_{i+1}。全加器真值表如表 13-1 所示。

表 13-1　全加器真值表

输　　　入			输　　　出	
A_i	B_i	C_i	S_i	C_{i+1}
0	0	0	0	0
0	0	1	1	0
0	1	0	1	0
0	1	1	0	1
1	0	0	1	0
1	0	1	0	1
1	1	0	0	1
1	1	1	1	1

由真值表可得 S_i 和 C_{i+1} 的逻辑表达式,根据表达式,可以用不同的逻辑部件实现全加器电路。例如,用异或门和与非门来实现全加器电路,可将逻辑表达式变换成如下形式:

$$S_i = \overline{A_i}\ \overline{B_i}\ C_i + \overline{A_i}\ B_i\ \overline{C_i} + A_i \overline{B_i}\ \overline{C_i} + A_i B_i C_i$$
$$= \overline{A_i}(\overline{B_i}\ C_i + B_i\ \overline{C_i}) + A_i(\overline{B_i}\ \overline{C_i} + B_i C_i)$$

$$= \overline{A_i} (B_i \oplus C_i) + A_i (\overline{B_i \oplus C_i})$$
$$= A_i \oplus B_i \oplus C_i$$
$$= H_i \oplus C_i$$

式中,$H_i = A_i \oplus B_i$ 被称为半加和。

$$C_{i+1} = \overline{A_i} B_i C_i + A_i \overline{B_i} C_i + A_i B_i \overline{C_i} + A_i B_i C_i$$
$$= (\overline{A_i} B_i + A_i \overline{B_i}) C_i + A_i B_i (\overline{C_i} + C_i)$$
$$= \overline{\overline{(A_i \oplus B_i) C_i + A_i B_i}}$$
$$= \overline{\overline{(A_i \oplus B_i) C_i \cdot \overline{A_i B_i}}} \qquad (13\text{-}1)$$

由式(13-1)可得异或门及与非门实现的全加器逻辑图,如图 13-1 所示。

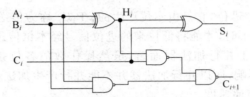

图 13-1 用异或门及与非门组成的全加器逻辑图

由于门电路具有延迟的特性,因此,由门电路构成的全加器也具有延迟的特性,并且这个延迟时间将影响整个全加器的运算速度。例如,假设一个异或门的延迟时间为 $1.5t_y$,一个与非门的延迟时间为 t_y,则图 13-1 所示的全加器要产生全加和 S_i 需经过 $3t_y$ 的延时,而产生进位信号 C_{i+1} 则需经过 $3.5t_y$ 的延时,即该加法器从输入信号到达输出信号的产生需经过 $3.5t_y$ 的延时。

13.2 串行加法器

全加器只能实现一位二进制加法运算,要实现 n 位二进制加法运算,则须用全加器组成加法器。

串行加法器是用一个全加器来实现二进制加法运算的逻辑部件,如图 13-2 所示。在进行 n 位二进制加法运算时,用两个移位寄存器 A、B 将 A_i 和 B_i 从低位到高位串行输入到全加器中进行加法运算,每次运算产生一位全加和 S_i,并送回到 A 寄存器中。产生的进位信号 C_{i+1} 被存储在触发器中,以便参加下一位加法运算。

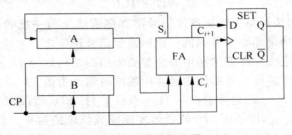

图 13-2 串行加法器

显然，串行加法器的优点是结构简单，缺点是运算速度较慢。

13.3　并行加法器

并行加法器是用多个全加器来实现二进制加法运算，参与运算的操作数可同时提供给各个全加器，这就意味着它可以同时开始对数据的各位进行加法运算，但这是否意味着它可以并行产生加法运算的结果呢？

根据前面的介绍可知，全加器的进位信号 C_{i+1} 的逻辑表达式为

$$C_{i+1} = (A_i \oplus B_i)C_i + A_i B_i$$
$$= G_i + P_i C_i$$

其中，$G_i = A_i B_i$ 称为本位进位，它是由本位产生的；$P_i C_i$ 称为传送进位，$P_i = A_i \oplus B_i$ 为传送进位条件，只有当 $P_i = 1$ 时，才能将低位来的进位信号经本位传送到高位，使 $C_{i+1} = 1$。

由该表达式可知，对于并行加法器而言，虽然操作数的各位是同时提供的，但是由于 C_{i+1} 的运算受到 C_i 的影响，所以并行加法器并不能并行产生加法运算结果，它的运算时间主要取决于进位信号的传递速度。

根据并行加法器的进位链结构，可将并行加法器分为串行进位并行加法器和先行进位并行加法器。

1. 串行进位并行加法器

将 N 个全加器的进位按照串行的方式，从低位到高位逐位连接起来就得到 N 位串行进位并行加法器。下面以图 13-3 所示为例介绍其工作原理。

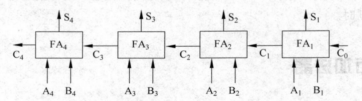

图 13-3　四位串行进位加法器

在串行进位并行加法器中，其进位信号逻辑表达式为

$$\left.\begin{aligned}C_1 &= G_0 + P_0 C_0\\C_2 &= G_1 + P_1 C_1\\C_3 &= G_2 + P_2 C_2\\C_4 &= G_3 + P_3 C_3\end{aligned}\right\} \tag{13-2}$$

显然，串行进位加法器每一级的进位信号都直接依赖于前一级的进位信号，因此，该类加法器每一位的相加结果都必须等到低一位的进位信号产生之后才能计算出来。

假设该四位串行进位并行加法器中的全加器采用的结构如图 13-3 所示，下面具体计算一下利用该加法器实现四位二进制加法运算所需的时间。由图 13-3 可知，每位全加器在输入 A_i 和 B_i 后，经过 $1.5t_y$ 延迟才能产生 H_i；而有了 H_i 和 C_i 后还需经过 $1.5t_y$ 和 $2t_y$ 的延迟才能产生 S_i 及 C_{i+1}，即还需 $2t_y$ 的延迟才能完成该位的运算。假设 A、B 两数的各位以及 C_0 是在 $t = 0$ 时输入的，则各位和 S_i 与进位信号 C_{i+1} 的产生时间如图 13-4 所示。图

中,纵坐标表示各位的被加数和加数,进位及和;横坐标表示它们的形成时间。例如,第二位全加器 FA_2 的被加数 A_2 和加数 B_2 是在 $t=0$ 时输入,经过 $1.5t_y$ 的延迟产生半加和 H_2,但是由于其低一位的进位信号 C_1 是在 $3.5t_y$ 时产生,因此只有在 C_1 产生后再经过 $1.5t_y$ 时间,即在 $t=5t_y$ 时才产生当前的本位和 S_2,同理,在产生 C_1 后再经过 $2t_y$ 即 $t=5.5t_y$ 时产生进位信号 C_2。其他各位可按同理分析。

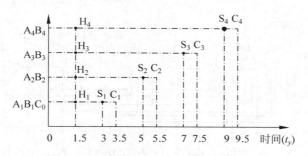

图 13-4   四位串行进位加法器运算时间图

由图 13-4 可知,对于串行进位并行加法器而言,各位之和的产生时间是不同的,而该加法器的最长运行时间应以最高位的和及进位信号产生的时间计算,即 $9.5t_y$。且当加数和被加数的位数越多时,串行进位加法器的延迟时间也就越长,运算速度则越慢。通常,CPU工作的基本周期是以 ALU 的工作时间为依据的,加法器的延迟时间越长,CPU 的工作速度就越低。因此,设法提高加法器的运算速度有着重要意义。

2. 先行进位并行加法器

为了提高运算速度,必须设法减小或者消除由于进位信号逐级传递所耗费的时间,让各位进位独立、同时形成。并行加法器究竟能否做到这一点呢?

以四位并行加法器为例,其进位信号的表达式为

$$C_1 = G_0 + P_0 C_0$$
$$C_2 = G_1 + P_1 C_1$$
$$C_3 = G_2 + P_2 C_2$$
$$C_4 = G_3 + P_3 C_3$$

如前所述,每一位的进位由两部分组成:本地进位 G_i 及传送进位 $P_i C_i$。显然,第 i 位的进位形成速度仅取决于它的传送进位,所以,只要改变该项的表达式即可达到提高进位形成速度的目的。现将 C_{i-1} 的表达式代入到 C_i 中,得到

$$\left. \begin{aligned} C_1 &= G_0 + P_0 C_0 \\ C_2 &= G_1 + P_1 C_1 = G_1 + P_1(G_0 + P_0 C_0) \\ C_3 &= G_2 + P_2 C_2 = G_2 + P_2[G_1 + P_1(G_0 + P_0 C_0)] \\ C_4 &= G_3 + P_3 C_3 = G_3 + P_3\{G_2 + P_2[G_1 + P_1(G_0 + P_0 C_0)]\} \end{aligned} \right\} \qquad (13\text{-}3)$$

将式(13-3)展开,整理后得

$$\left. \begin{aligned} C_1 &= G_0 + P_0 C_0 \\ C_2 &= G_1 + P_1 G_0 + P_1 P_0 C_0 \\ C_3 &= G_2 + P_2 G_1 + P_2 P_1 G_0 + P_2 P_1 P_0 C_0 \\ C_4 &= G_3 + P_3 G_2 + P_3 P_2 G_1 + P_3 P_2 P_1 G_0 + P_3 P_2 P_1 P_0 C_0 \end{aligned} \right\} \qquad (13\text{-}4)$$

由式(13-4)可知,四个进位信号仅由 G_i、P_i 和 C_0 决定,与低位进位无关。根据式(13-4),得到对应的进位电路如图 13-5 所示,图中 $G_i = A_i B_i$,$P_i = A_i \oplus B_i$。

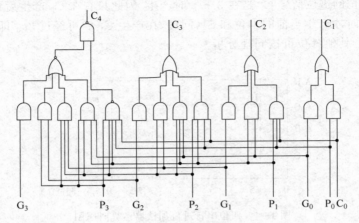

图 13-5　四位并行进位电路

由于图中进位信号的输入信号是同时提供的,不存在传送进位,进位信号是并行产生,故称该电路为并行进位电路。

通常,把采用并行进位电路的加法器称为先行进位加法器,因为这种加法器的进位信号先由逻辑电路产生,然后再进行加法运算。四位先行进位加法器如图 13-6 所示。

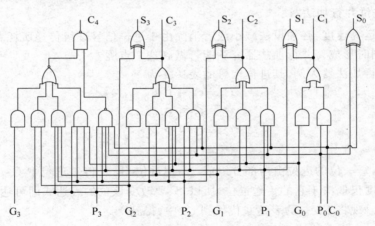

图 13-6　四位先行进位加法器

理论上,先行进位加法器可扩展到 n 位,且当其位数越多时,速度提高得越明显,但是进位信号电路也会越复杂。因此,一般都采取折中的办法,以便保持快速进位的同时还要尽量减少电路的复杂性。具体说来,就是采用分组的办法,以四位先行进位加法器作为一组,然后在组间再采用串行或者并行进位的方式相连。其组成方式与前面介绍的串行进位加法器和并行进位加法器的组成类似,这里不再赘述。

13.4 多功能算术逻辑运算单元

计算机除了可以进行加、减、乘、除等基本算术运算外,还可以进行逻辑运算。前面介绍的加法器不具备逻辑运算功能,本节将介绍多功能算术逻辑运算单元(ALU)。

具有算术运算和逻辑运算功能的部件称为算术逻辑运算单元(arithmetic and logic unit,ALU)。ALU 是运算器的核心部件。

1. 多功能算术逻辑运算单元 74181 芯片

74181 芯片是一种典型的四位 ALU 集成电路,它在四位先行进位加法器的基础上附加了某些组合逻辑和功能选择线,可进行多种算术运算和逻辑运算,其逻辑符号图如图 13-7 所示。

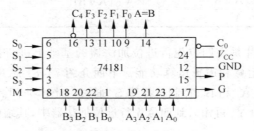

图 13-7 74181 芯片逻辑符号图

图 13-7 中的数字为引脚号,各引脚功能如下。

(1) $A_0 \sim A_3$ 和 $B_0 \sim B_3$:分别为两个四位数 A 和 B 的输入端。

(2) M:控制位,M=1 时,74181 芯片进行逻辑运算;M=0 时,74181 芯片进行算术运算。

(3) $S_0 \sim S_3$:功能控制引脚。$S_0 \sim S_3$ 不同的组合对应 74181 芯片不同的功能,其具体对应关系如表 13-2 所示。

(4) C_0:低位进位信号。

(5) $F_0 \sim F_3$:算术运算/逻辑运算结果的输出端。

(6) C_4:向高位的进位信号。

(7) 14 号引脚:输出高电平时表示 A=B。

(8) P 和 G:P 为进位传递输出,G 为进位发生输出,二者都是与并行进位链电路相连接的输出信号。

表 13-2 74181 功能表

功能选择	逻辑运算	算术运算(M=0)	
$S_3 S_2 S_1 S_0$	(M=1)	$C_0=1$	$C_0=0$
0 0 0 0	$\overline{A}$	A	A
0 0 0 1	$\overline{A \vee B}$	$A \vee B$	$(A \vee B)+1$
0 0 1 0	$\overline{A} \wedge B$	$A \vee \overline{B}$	$(A \vee \overline{B})+1$
0 0 1 1	0	-1	0
0 1 0 0	$\overline{A \wedge B}$	$A+(A \wedge \overline{B})$	$A+(A \wedge \overline{B})+1$

功能选择	逻辑运算 (M=1)	算术运算(M=0)	
$S_3 S_2 S_1 S_0$		$C_0=1$	$C_0=0$
0 1 0 1	$\overline{B}$	$(A \wedge \overline{B})+(A \vee B)$	$(A \wedge \overline{B})+(A \vee B)+1$
0 1 1 0	$A \forall B$	$A-B-1$	$A-B$
0 1 1 1	$A \wedge \overline{B}$	$(A \wedge \overline{B})-1$	$A \wedge \overline{B}$
1 0 0 0	$\overline{A} \vee B$	$A+(A \wedge B)$	$A+(A \wedge B)+1$
1 0 0 1	$\overline{A \forall B}$	$A+B$	$A+B+1$
1 0 1 0	B	$(A \wedge B)+(A \vee \overline{B})$	$(A \wedge B)+(A \vee \overline{B})+1$
1 0 1 1	$A \wedge B$	$(A \wedge B)+1$	$A \wedge B$
1 1 0 0	1	$A+A$	$A+A+1$
1 1 0 1	$A \vee \overline{B}$	$A+(A \vee B)$	$A+(A \vee B)+1$
1 1 1 0	$A \vee B$	$A+(A \vee \overline{B})$	$A+(A \vee \overline{B})+1$
1 1 1 1	A	$A-1$	A

前面提到,74181 芯片是在四位先行进位加法器的基础上进行修改,将加法器的功能进行扩展以完成多种算术运算和逻辑运算功能。下面介绍 74181 芯片的工作原理。

74181 芯片将操作数 A_i 和 B_i,控制选择线 S_i 通过一个由非门和与或非门组成的组合逻辑网络,产生的输出 X_i 和 Y_i 再输入到四位先行进位加法器中,其结构示意图如图 13-8 所示。

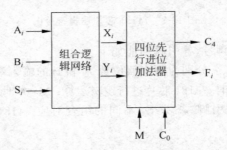

图 13-8　74181 结构示意图

74181 芯片的一位运算逻辑电路图如图 13-9 所示。

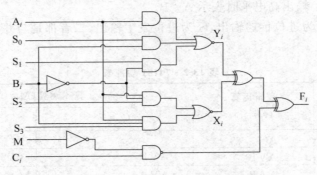

图 13-9　74181 芯片的一位逻辑电路图

由图 13-9 可知,在组合逻辑网络中,X_i 和 Y_i 的表达式分别为

$$X_i = \overline{S_3 A_i B_i + S_2 A_i \overline{B_i}}$$

$$Y_i = \overline{S_1 \overline{B_i} + S_0 B_i + A_i}$$

由表达式可知,X_i 是受 S_3 和 S_2 控制的 $A_i B_i$ 组合函数,Y_i 是受 S_1 和 S_0 控制的 $A_i B_i$ 组合函数,其具体的对应关系如表 13-3 所示。

表 13-3 $X_i Y_i$ 与 $A_i B_i$ 及 S_i 的关系

$S_1 S_0$	Y_i	$S_3 S_2$	X_i
0 0	$\overline{A_i}$	0 0	1
0 1	$\overline{A_i B_i}$	0 1	$\overline{A_i} + B_i$
1 0	$\overline{A_i} B_i$	1 0	$\overline{A_i + B_i}$
1 1	0	1 1	$\overline{A_i}$

从表 13-3 中可以看出,表中任意一组 X_i 和 Y_i 都满足以下关系:

$$X_i + Y_i = X_i; \quad X_i Y_i = Y_i$$

由于在加法器中,本位进位函数 $G_i = X_i Y_i$,传送进位函数 $P_i = X_i \oplus Y_i = X_i + Y_i$,因此,实际上在 74181 芯片中 $G_i = Y_i$,$P_i = X_i$,也就是说在 74181 芯片中 X_i 和 Y_i 这两个中间信号既是先行进位加法器的两个操作数,同时也是本位进位函数和传送进位函数。

于是,

$$C_{i+1} = G_i + P_i C_i = Y_i + X_i C_i$$

即

$$C_1 = Y_0 + X_0 C_0$$

$$C_2 = Y_1 + X_1 G_0 + X_1 X_0 C_0$$

$$C_3 = Y_2 + X_2 G_1 + X_2 X_1 G_0 + X_2 X_1 X_0 C_0$$

接下来,讨论一下控制端 M 的功能。

由图 13-9 可知,当 $M=1$ 时,$F_i = X_i \oplus Y_i \oplus 1 = X_i \odot Y_i$,与 C_0 无关,即各位间无进位信号产生,此时 74181 芯片执行逻辑运算。具体来说,此时的 74181 芯片的各位都是执行 $X_i \odot Y_i$ 的运算。根据 $S_0 \sim S_3$ 的不同取值,X_i 和 Y_i 有 16 种组合,得到表 13-2 中的 16 种逻辑运算结果。

当 $M=0$ 时,$F_i = X_i \oplus Y_i \oplus \overline{C_i} = \overline{X_i \oplus Y_i \oplus C_i}$,即 F_i 为本位和的反码。此时,根据 $S_0 \sim S_3$ 的不同取值,X_i 和 Y_i 也有 16 种组合,实现的是算术运算功能,对应表 13-2 中的 16 种算术运算结果。

由于 74181 芯片具有 C_4、G、P 这三个输出端,因此,可利用 74181 芯片进行级联从而得到各种多位的 ALU。

例如,要组成 16 位的 ALU,可利用四片 74181 芯片进行级联。若当前的 ALU 采用组间行波进位时,可利用 74181 芯片的 C_4 输出端,将四片 74181 芯片串联,其示意图如图 13-10 所示。

2. 两级先行进位的 ALU

若要组成 16 位组间并行进位 ALU,则需要利用 74181 芯片的 G 和 P 两个输出端以及

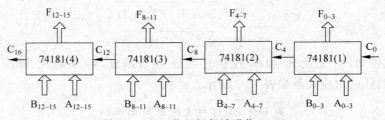

图 13-10 16 位组间行波进位 ALU

74182 芯片。

74182 芯片是一个并行进位链集成电路,其电路图如图 13-11 所示。由图可知 74182 芯片可直接接收四片 74181 芯片的 P、G 信号,并行产生 3 个进位信号 C_4、C_8 和 C_{12},此外还会产生 P_4 和 G_4 信号用于电路扩展。

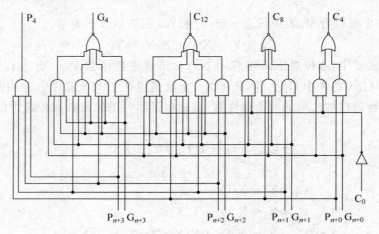

图 13-11 74182 电路图

用 74182 芯片和四片 74181 芯片组成的 16 位组间并行进位 ALU 示意图如图 13-12 所示。显然,此处四片 74181 芯片之间也实现了并行进位,即采用了两级先行进位,从而使全字长 ALU 的运算时间大大缩短。

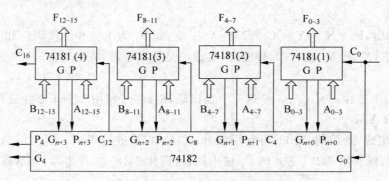

图 13-12 16 位组间并行进位 ALU

第14章

存储器系统

14.1 存储器概述

存储器是计算机必不可少的部件之一,它的主要作用是存储程序及数据。随着计算机技术的飞速发展,存储器在计算机系统中的地位显得越来越重要。这是因为一方面超大规模集成电路制造技术日趋完善,使得 CPU 处理数据的速度越来越快,存储器的访问速度难以与之匹配;另一方面由于软件技术的不断发展,计算机需要处理的数据量越来越大,对存储器容量的要求也就越来越高。

14.1.1 存储器分类

根据存储材料、功能、作用等不同,存储器可分为以下类型。

1. 按存储介质分

按照存储介质,存储器可以分为以下三类。

(1)半导体存储器:利用现代集成制造技术,用半导体器件组成的存储器,其优点是存取时间短、体积小、功耗低。

(2)磁存储器:将磁材料涂在基片(金属片或塑料片)上作为数据记录介质,如硬盘。具有存储容量大,位成本低等优点。

(3)光盘存储器:应用光刻工艺在磁光材料上记录数据。

2. 按存取方式分

按照存取方式,存储器可以分以下两类。

(1)随机存取存储器(random access memory,RAM):能随机地存入或取出存储单元的内容,且存取时间与存储单元的物理位置无关。所谓随机存取,是指硬件电路能够按照给定的地址直接选定该存储单元进行读写。

(2)顺序存储器:只能按顺序存取,此类存储器的存取时间与存储单元的物理位置有关。顺序存取是指访问某存储单元时,硬件电路只能从存储介质当前的位置出发,按顺序

"走"到给定地址,再进行读写。如磁带存储器,若要读出前面的内容,必须先倒带。磁盘存储器属于半顺序存储器。

3. 按存储器的读写功能分

按照存储器的读写功能,存储器可以分为以下两类。

(1) 随机存取存储器(RAM):既能读出又能写入的半导体存储器。随机存取存储器根据其存储元的结构及工作原理不同又可分为两种:静态随机存取存储器(static RAM)、动态随机存取存储器(dynamic RAM)。

(2) 只读存储器(read only memory,ROM):存储的内容是固定不变的,只能读出而不能写入的半导体存储器。只读存储器早期的产品是生产厂家采用掩模工艺将用户程序或数据固化在集成芯片中,完成后不能更改芯片中的程序或数据,称为掩模型只读存储器(masked ROM MROM)。随着集成电路制造技术的发展,只读存储器系列产品先后产生了可编程只读存储器(programmable ROM,PROM)、光可擦除可编程只读存储器(erasable programmable ROM, EPROM)、电可擦除可编程只读存储器(electrically erasable programmable ROM,EEPROM)这几个品种。

目前应用越来越广泛的快闪存储器(flash memory)是由 EEPROM 技术发展而来的产品,快闪存储器与 USB 接口模块结合构成使用极为方便的 U 盘。除了用作 U 盘以外,在嵌入式系统中也经常作为 ROM 使用。

4. 按信息的可保存性分

按照信息的可保存性,存储器分为以下两种。

(1) 易失性存储器:断电后信息即消失的存储器,如 RAM。

(2) 非易失性存储器:断电后仍能保存信息的存储器,如 ROM。

5. 按在计算机系统中的作用分

根据存储器在计算机系统中所起的作用,可分为主存储器、辅助存储器、高速缓冲存储器(Cache)等。

存储器的分类如图 14-1 所示。

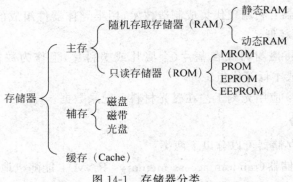

图 14-1　存储器分类

14.1.2　存储系统层次结构

衡量一个存储系统的优劣的三个技术指标为存取速度、存储容量和单位存储价格,称为位成本(bit cost)。计算机技术发展到今天,对存储系统的要求越来越高,人们追求容量大、速度快、价位低的存储系统。然而这三个技术指标之间又存在矛盾,存取速度快的存储系统位成本高、容量小,容量大、位成本低的存储系统速度慢。为兼顾速度、容量与位价,目前存储系统一般采用分层结构,如图 14-2 所示。

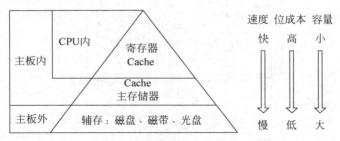

图 14-2 存储器的层次结构

存储系统层次结构主要由两级构成:缓存-主存结构层次,主存-辅存结构层次。存储器的层次结构逻辑关系如图 14-3 所示。

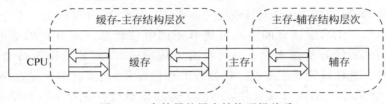

图 14-3 存储器的层次结构逻辑关系

主存-辅存结构层次主要解决存储系统的容量问题。就这一层次而言,其速度接近于主存,其容量及位成本接近于辅存。主存-辅存结构层次主要是利用虚拟存储技术来实现。

缓存-主存层次结构中在 CPU 和主存之间插入高速缓冲存储器 Cache,它主要解决速度匹配问题。Cache 中预存了 CPU 可能马上要用到的程序和数据,CPU 每次读写时,首先访问 Cache,若 Cache 中没有再访问主存。对 CPU 而言,缓存-主存结构层次利用 Cache 技术使得这一层次在速度上接近于 Cache,而在容量、位成本方面接近于主存。

14.2 SRAM 存储器

在半导体存储器中,用来存储一位二进制数的半导体元件称为一个存储元,若干个(通常是 8 个、16 个、32 个或 64 个)存储元构成一个存储单元。半导体存储器根据存储元信息存储的机理不同,可分为动态存储器和静态存储器。

14.2.1 SRAM 基本结构及其存储系统的工作原理

1. 静态半导体存储元

存储元电路结构多种多样,典型的存储元 6MOS 管存储电路如图 14-4 所示。

其工作原理是:T3、T4 是工作管 T1、T2 的负载管,它们构成触发器基本电路,即 A、B

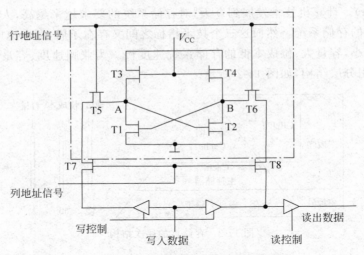

图 14-4　6MOS 管存储元原理示意图

两点的电平状态总会相反,若 A 点为高电平,则 B 点必为低电平。这是因为如果 A 点是高电平使得 T2 管导通,有较大的电流 I 流过 T2 管、负载管 T4 可看作是一个电阻 R,此时 B 点的电位应是 $V_{CC}-IR$,取适合的参数可使 B 点的电位较低。而 B 点的低电位直接导致 T1 管截止,由于 T1 管处于截止状态几乎没有电流流过,A 点的电位为高电平(其值接近 V_{CC}),反之亦然。这样就完成了一位二进制数的存储任务,其实就是存储在 A、B 两点的电平状态。电路中 T5、T6 管起开关作用,T5、T6 管的导通与否受控于行地址选择信号。行地址选择信号来自行译码器,如果这个信号是高电平方可对存储在电路中的二进制数进行读或写的操作。虚线框中有 6 个 MOS 管,因此称为 6MOS 管存储元。

　　图 14-4 中 T7、T8 管也是起开关作用,T7、T8 管的导通与否受控于列地址选择信号,列地址选择信号来自列译码器。如果这个信号是高电平方可对存储在电路中的二进制数进行读或写的操作。其中,行地址信号和列地址信号是地址码中的一部分。

　　由上面的分析可知,一个存储元可以存储一位二进制数,那么如何读出和写入数据呢?下面将探讨存储元的读操作和写操作。

　　对于读操作,假设存储元已经存储二进制数据"1",即图 14-4 中 B 点为高电平,要读出存储元中的数据,必须满足如下条件:T5、T6、T7、T8 导通,即行地址信号、列地址信号必须是高电平,读控制信号必须是高电平(为什么?请读者自行分析)。这样 B 点的高电平,即数据"1"经 T6、T8 管、三态门传输到后续的数据总线上,从而完成读出数据的操作。由电路结构可知,存储元中的数据读出后显然仍保持原有的状态,即只要电路电源一直保持,数据就会不变,不需要刷新,即为静态。但是电路图中电源 V_{CC} 断电后,原来存储的信息会丢失,故 SRAM 属于易失性半导体存储器。

　　对于写操作,将要写入的二进制数据,即高电平或低电平送到图 14-4 中"写入数据"端,同时使得"写控制"信号有效(使三态门导通),在两个相互反接的三态门的输出端一定会形成相反电平,此时如果 T5、T6、T7、T8 导通(即行、列地址信号为高电平)则在 A、B 两点形成相反电平,从而完成数据的写入操作。

2. 存储体

显然，一个基本存储元只能保存一位二进制信息，若要存放 M 个 N 位的二进制信息，就需要用 $M \times N$ 个基本存储元。能够存放一个 N 位二进制信息存储元的集合通常称为一个存储单元，一个存储单元通常是 8 位、16 位、32 位、64 位等。一个 8 位的存储单元其实就是把上面所述的 8 个存储元并联起来使用。把这些存储单元按一定的规则排列起来就构成了存储体。现代存储器大多是采用超大规模集成电路制造工艺制成半导体存储芯片，芯片内集成了大量的存储单元。

3. 地址译码器

由于存储器是由许多存储单元构成的，为了能准确地对所存储的信息进行操作，必须对每一个存储单元进行编号，这个编号就是存储单元的地址。地址译码器的作用就是接收 CPU 送来的地址码并对它进行译码，选择与此地址码对应的存储单元，以便对该单元进行读写操作。

存储器地址译码有单译码与双译码两种方式。

单译码方式又称线选法，即每个编码选中一根字线，每根字线对应一个存储单元，组成该存储单元的所有存储元都受控于这根字线。例如地址为 0010 时，则第 2 根字线被选中，此字线上的存储元就可进行读写操作。线选法适用于小容量存储器。

在双译码结构中，将地址译码器分成两部分，即行译码器（即 X 译码器）和列译码器（即 Y 译码器）。X 译码器输出行地址选择信号，Y 译码器输出列地址选择信号。行、列选择线交叉处即为所选中的内存单元，这种方式的特点是译码输出线较少，可用于大容量存储器。

14.2.2 静态半导体存储器系统举例

Intel 2114 是一种 1K×4 位的静态 RAM 存储器芯片，其最基本的存储单元是如上所述的 6MOS 管存储电路，其他的典型芯片有 Intel 6116/6264/62256 等。Intel 2114 芯片外特性如图 14-5 所示。要具备 1K 的寻址能力，需要 10 根地址线。在图 14-5 中，A0～A9 是地址线，4 根数据输入/输出线 I/O1～I/O4。$\overline{\text{WE}}$ 是写允许信号，$\overline{\text{CS}}$ 是片选信号，这两个信号都是低电平有效。V_{CC} 和 GND 分别是电源和接地线。

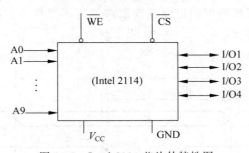

图 14-5　Intel 2114 芯片外特性图

在 Intel 2114 芯片内部有：由 64×64 个 6MOS 管存储元构成的存储体、行译码器、列译码器、三态门等基本电路，如图 14-6 所示。A3～A8 地址信号用于行译码，译码结果选中某一行，A0、A1、A2、A9 用于列译码，译码结果选中某一列。只有行和列同时被选中的那个存储单元在读写控制信号的控制下才能进行读写操作。

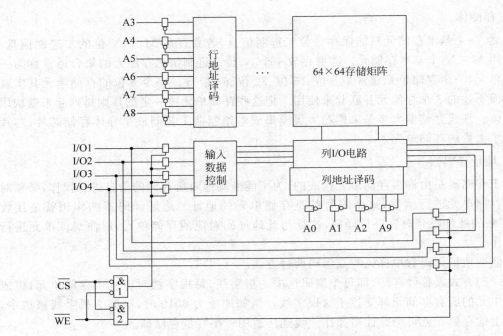

图 14-6 Intel 2114 芯片内部逻辑结构

　　要保证 Intel 2114 芯片能正常工作,各信号必须按一定的时间顺序变化,这就是所谓的时序。

　　Intel 2114 芯片读数据操作时序波形如图 14-7 所示。t_{RC} 表示读周期,它是指对芯片进行两次连续读操作所需要的最小时间间隔。t_A 表示读数据时间,它是指从地址有效时刻起到形成稳定数据输出所需要的时间。t_{CO} 是片选信号有效时刻起到数据输出稳定所需要的时间间隔。由图 14-7 可知:只有地址信号有效后经 t_A 时间后,且当片选信号有效后经 t_{CO} 后,输出数据才能形成稳定状态;在地址信号有效后必须在 $t_A - t_{CO}$ 时间内让片选信号有效,唯其如此,数据才能出现在数据总线上。图 14-7 中高阻状态之前的时间 t_{OTD} 的作用是使数据总线的数据有一段维持时间以保证读取数据的可靠性。在整个读数据周期中,写允许信号 $\overline{WE}$ 一直保持高电平。

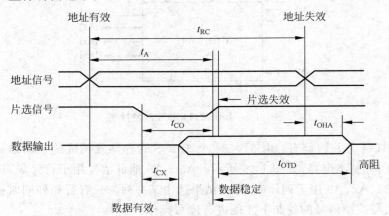

图 14-7 Intel 2114 芯片读数据操作时序波形

Intel 2114 芯片写操作时序如图 14-8 所示，t_{WC} 表示写周期，它是指对芯片进行两次连续写操作所需要的最小时间间隔。在写操作时，地址有效后必须使片选信号、写允许信号同时有效（低电平），在写入时间 t_W 内将数据总线上的输入数据写入到指定的地址单元内。

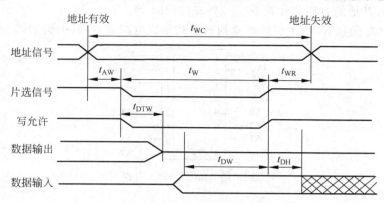

图 14-8   Intel 2114 芯片写周期时序波形

14.3   DRAM 存储器

14.3.1   DRAM 基本结构和工作原理

静态 RAM 每个存储元电路需 6MOS 管，功耗大且集成度低。为减少 MOS 管数量，提高集成度并且降低功耗，经过改进设计出了 MOS 管动态 DRAM 器件。其基本存储电路有 3MOS 管、单 MOS 管动态存储电路，现以单 MOS 管为例说明其工作原理。

图 14-9 是单 MOS 管存储元原理图。由图可见，DRAM 存放信息靠的是储能元件电容器 C，电容器 C 有电荷时，为逻辑"1"，没有电荷时，为逻辑"0"。

写入数据时，字（选择）线为"1"，T 管导通，写入信息由数据线（位线）存入电容 C 中，若数据线上的信息为"1"，则对电容进行充电，若数据线上的信息为"0"则不充电。

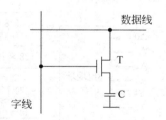

图 14-9   单管动态基本存储元原理

读出数据时字（选择）线上为高电平，T 导通，若原来存储的数据为"1"（此时电容 C 上有大量电荷积累），经 T 管在数据线上产生电流，可以认为读出的数据为"1"；若原来存储的数据为"0"（此时电容 C 无电荷积累），在数据线上不会产生电流，可视为读出为"0"。通过读出放大器即可得到存储信息。

由于任何电容器在电路中都可不避免地存在漏电，电容 C 上的电荷会随之减少，用于表征数据"1"或"0"的电平将会发生变化，信息也就丢失。解决的方法是刷新，即每隔一定时间就要刷新一次，恢复原来处于逻辑电平"1"的电容器的电荷，而原来处于电平"0"的电容器仍保持"0"。

14.3.2 动态 RAM 存储器芯片举例

Intel 2164A 是一种 64K×1 位的动态 RAM 存储器芯片,它的基本存储单元就是采用单管存储电路,其他的典型芯片有 Intel 21256/21464 等。

Intel 2164A 是具有 16 个引脚的双列直插式集成电路芯片,其引脚如图 14-10 所示。

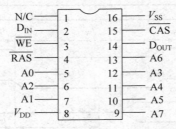

图 14-10 Intel 2164A 引脚

图 14-10 中各引脚的功能如下。

(1) A0～A7:地址信号的输入引脚,用来分时接收 CPU 送来的 8 位行、列地址。

(2) $\overline{\text{RAS}}$:行地址选通信号输入引脚,低电平有效,兼作芯片选择信号。当 $\overline{\text{RAS}}$ 为低电平时,表明芯片当前接收的是行地址。

(3) $\overline{\text{CAS}}$:列地址选通信号输入引脚,低电平有效,表明当前正在接收的是列地址;兼作数据输出允许信号,$\overline{\text{CAS}}$ 为低电平时,D_{OUT} 输出数据;$\overline{\text{CAS}}$ 为高电平时,D_{OUT} 输出高组态。

(4) $\overline{\text{WE}}$:写允许控制信号输入引脚,当其为低电平时,执行写操作;否则,执行读操作。

(5) D_{IN}:数据输入引脚。

(6) D_{OUT}:数据输出引脚。

(7) N/C:未用引脚。

其内部结构如图 14-11 所示,主要内容如下。

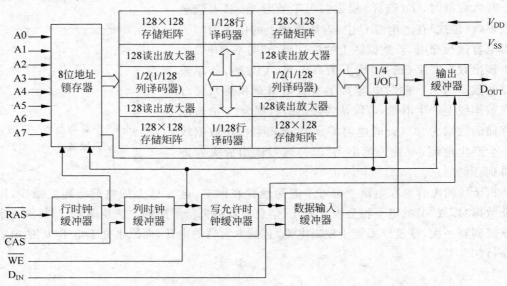

图 14-11 Intel 2164A 内部结构

（1）存储体：64K×1 位的存储体由 4 个 128×128 的存储阵列构成。

（2）地址锁存器：由于 Intel 2164A 采用双译码方式，故其 16 位地址信息要分两次送入芯片内部。但由于封装的限制，这 16 位地址信息必须通过同一组引脚分两次接收（采用时分复用技术），因此，在芯片内部有一个能保存 8 位地址信息的地址锁存器。

（3）数据输入缓冲器：用于暂存输入的数据。

（4）数据输出缓冲器：用于暂存要输出的数据。

（5）1/4 I/O 门电路：由行、列地址信号的最高位控制，能从相应的 4 个存储矩阵中选择一个进行输入或输出操作。

（6）行、列时钟缓冲器：用于协调行、列地址的选通信号。

（7）写允许时钟缓冲器：用于控制芯片的数据传送方向。

（8）128 读出放大器：与 4 个 128×128 存储阵列相对应，共有 4 个 128 读出放大器，它们能接收由行地址选通的 4×128 个存储单元的信息，经放大后，再写回原存储单元，是实现刷新操作的重要部分。

（9）1/128 行、列译码器：分别用来接收 7 位的行、列地址，经译码后，从 128×128 个存储单元中选择一个确定的存储单元，以便对其进行读写操作。

1. 读操作

在对 Intel 2164A 的读操作过程中，它要接收来自 CPU 的地址信号，经译码选中相应的存储单元后，把其中保存的一位信息通过 D_{OUT} 数据输出引脚送至系统数据总线。

Intel 2164A 读操作的时序波形如图 14-12 所示。

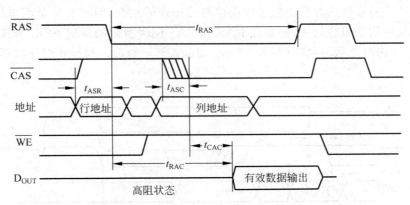

图 14-12　Intel 2164A 读操作的时序波形

从时序波形图中可以看出，读周期是由行地址选通信号 $\overline{RAS}$ 有效开始的，要求行地址要先于 $\overline{RAS}$ 信号有效，并且必须在 $\overline{RAS}$ 有效后再维持一段时间。同样，为了保证列地址的可靠锁存，列地址也应领先于列地址锁存信号 $\overline{CAS}$ 有效，且列地址也必须在 $\overline{CAS}$ 有效后再保持一段时间。

要从指定的单元中读取信息，必须在 $\overline{RAS}$ 有效后，使 $\overline{CAS}$ 也有效。由于从 $\overline{RAS}$ 有效起到指定单元的信息读出送到数据总线上需要一定的时间，因此，存储单元中信息读出的时间就与 $\overline{CAS}$ 开始有效的时间有关。

存储单元中信息的读写，取决于控制信号 $\overline{WE}$。为实现读出操作，要求 $\overline{WE}$ 控制信号无效,且必须在 $\overline{\text{CAS}}$ 有效前变为高电平。

2. 写操作

在 Intel 2164A 的写操作过程中,它同样通过地址总线接收 CPU 发来的行、列地址信号,选中相应的存储单元后,把 CPU 通过数据总线发来的数据信息,保存到相应的存储单元中。Intel 2164A 的写操作时序波形如图 14-13 所示。

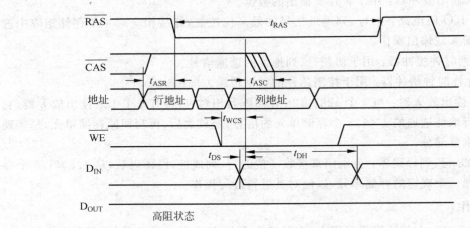

图 14-13　Intel 2164A 写操作的时序波形

3. 读—修改—写操作

读—修改—写操作的性质类似于读操作与写操作的组合,但它并不是简单地由两个单独的读周期与写周期组合起来,而是在 $\overline{\text{RAS}}$ 和 $\overline{\text{CAS}}$ 同时有效的情况下,由 $\overline{\text{WE}}$ 信号控制,先实现读出,待修改之后,再实现写入。Inter 2164A 读—修改—写操作时序波形如图 14-14 所示。

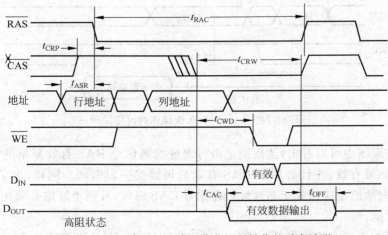

图 14-14　Intel 2164A 读—修改—写操作的时序波形

4. 刷新操作

Intel 2164A 内部有 4×128 个读出放大器,在进行刷新操作时,芯片只接收从地址总线上发来的行地址(其中 RA7 不起作用),由 RA0～RA6 共七根行地址线在四个存储矩阵中各选中一行,共 4×128 个单元,分别将其中所保存的信息输出到 4×128 个读出放大器中,经放大后,再写回到原单元,即可实现 512 个单元的刷新操作。这样,经过 128 个刷新周期就可完成整个存储体的刷新,如图 14-15 所示。

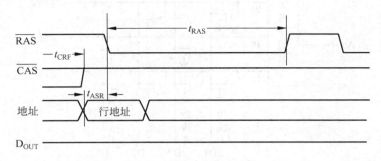

图 14-15 Intel 2164A $\overline{RAS}$ 有效刷新操作的时序波形

5. 页模式操作

在页模式操作下,维持行地址不变($\overline{RAS}$ 不变),由连续的 $\overline{CAS}$ 脉冲对不同的列地址进行锁存,并读出不同列的信息,而 $\overline{RAS}$ 脉冲的宽度有一个最大的上限值。在页模式操作时,可以实现存储器读、写以及读—修改—写等操作。

在实际工程应用中有关上述时序图中各参数的具体值,请查阅相关技术手册。

14.4 只读存储器

只读存储器是指在计算机系统运行过程中,只能对其进行读操作,而不能进行写操作的一类存储器,在不断发展变化的过程中,ROM 器件也产生了掩模 ROM、可编程的 PROM、可擦除可编程的 EPROM、EEPROM 等各种不同类型。

14.4.1 掩模 ROM

一个简单的 4×4 位的 MOS 型 ROM 存储阵列(见图 14-16)采用的是单译码方式。地址译码器有两位地址输入,经译码后,输出四条字选择线,每条字选择线选中一个字,位线的输出即为这个字的每一位,此时若有管子与其相连(如位线 1 和字线 1),则相应的 MOS 管就导通,这些位线的输出就是低电平,表示数据"0";而没有管子与其相连的位线(如位线 2 和字线 1),则输出就是高电平,表示数据"1"。

14.4.2 可编程的 ROM

掩模 ROM 的存储单元在生产完成之后,其所保存的信息就已经固定下来,这给使用者带来了不便。为了解决这个矛盾,我们设计制造了一种可由用户通过简易设备写入信息的 ROM 器件,即可编程的 ROM,又称为 PROM。

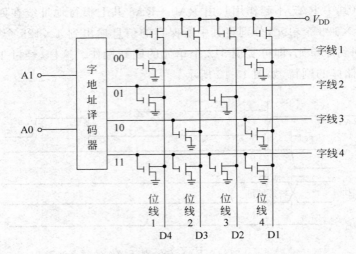

图 14-16　简单的 4×4 位的 MOS ROM 存储阵列

PROM 的类型种类很多,以二极管破坏型 PROM 为例说明其存储原理。这种 PROM 存储器在出厂时,存储体中每条字线和位线的交叉处都是两个反向串联的二极管的 PN 结,字线与位线之间不导通,此时,意味着该存储器中所有的存储内容均为"1"。如果用户需要写入程序,则要通过专门的 PROM 写入电路,从而产生足够大的电流把要写入"1"的那个存储位上的二极管击穿,造成这个 PN 结短路,只剩下顺向的二极管连接字线和位线,这时,此位就意味着写入了"1"。读出的操作同掩模 ROM。

对 PROM 来讲,这个写入的过程称为固化程序。由于击穿的二极管不能再正常工作,所以这种 ROM 器件只能固化一次程序,数据写入后,就不能再改变了。

14.4.3　可擦除可编程的 EPROM

1. EPROM 的基本结构和工作原理

可擦除可编程的 ROM 又称为 EPROM。它的基本存储单元的结构和工作原理如图 14-17 所示。

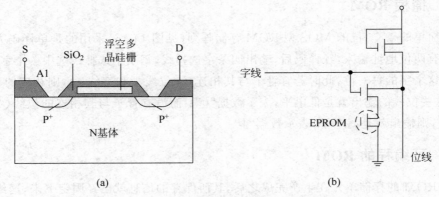

(a)　　　　　　　　　(b)

图 14-17　P 沟道 EPROM 结构示意图

与普通的 P 沟道增强型 MOS 电路相似,这种 EPROM 电路在 N 型的基片上扩展了两个高浓度的 P 型区,分别引出源极(S)和漏极(D),在源极与漏极之间有一个由多晶硅做成的栅极,但它是浮空的,被绝缘物 SiO_2 所包围。在芯片制作完成时,每个单元的浮动栅极上都没有电荷,所以管内没有导电沟道,源极与漏极之间不导电,其相应的等效电路如图 14-17(b)所示,表示该存储单元保存的信息为"1"。

向该单元写入信息"0":在漏极和源极(即 S)之间加上 +25V 的电压,同时加上编程脉冲信号(宽度约为 50ns),所选中的单元在这个电压的作用下,漏极与源极之间被瞬时击穿,就会有电子通过 SiO_2 绝缘层注入到浮动栅。在高压电源去除之后,因为浮动栅被 SiO_2 绝缘层包围,所以注入的电子无泄漏通道,浮动栅为负,就形成了导电沟道,从而使相应单元导通,将 0 写入该单元。

清除存储单元中所保存的信息:必须用一定波长的紫外光照射浮动栅,使负电荷获取足够的能量,摆脱 SiO_2 的包围,以光电流的形式释放掉,这时,原来存储的信息也就不存在了。

由这种存储单元所构成的 ROM 存储器芯片,在其上方有一个石英玻璃的窗口,紫外线正是通过这个窗口来照射其内部电路而擦除信息的,一般擦除信息需用紫外线照射 $15\sim20\mathrm{min}$。

2. EPROM 芯片举例

Intel 2716 是一种 2K×8 的 EPROM 存储器芯片,双列直插式封装,24 个引脚,其最基本的存储单元就是采用如上所述的带有浮动栅的 MOS 管,其他的典型芯片有 Intel 2732/27128/27512 等。Intel 2716 具有 24 个引脚,其引脚分配如图 14-18(a)所示,各引脚的功能如下。

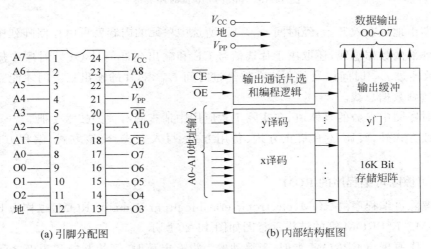

(a)引脚分配图　　　　　(b)内部结构框图

图 14-18　Intel 2716 的内部结构及引脚分配

(1) A0~A10:地址信号输入引脚,可寻址芯片的 2KB 存储单元。

(2) O0~O7:双向数据信号输入/输出引脚。

(3) $\overline{CE}$:片选信号输入引脚,低电平有效,只有当该引脚转入低电平时,才能对相应的芯片进行操作。

(4) $\overline{OE}$:数据输出允许控制信号引脚,输入,低电平有效,用于允许数据输出。

（5）V_{CC}：+5V 电源，用于在线的读操作。

（6）V_{PP}：+25V 电源，用于在专用装置上进行写操作。

Intel 2716 存储器芯片的内部结构框图如图 14-18（b）所示。

Intel 2716 存储器芯片的主要组成部分如下。

（1）存储阵列：Intel 2716 存储器芯片的存储阵列由 2K×8 个带有浮动栅的 MOS 管构成，共可保存 2K×8 位二进制信息。

（2）X 译码器：又称为行译码器，可对 7 位行地址进行译码。

（3）Y 译码器：又称为列译码器，可对 4 位列地址进行译码。

（4）输出允许、片选和编程逻辑：实现片选及控制信息的读和写。

（5）数据输出缓冲器：实现对输出数据的缓冲。

读方式是 Intel 2716 在计算机系统中的主要工作方式。在读操作时，片选信号 $\overline{CE}$ 应为低电平，输出允许控制信号 $\overline{OE}$ 也为低电平，其时序波形如图 14-19 所示。

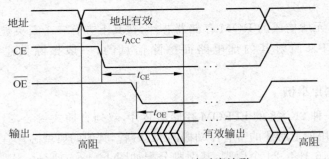

图 14-19　Intel 2716 读时序波形

读周期由地址有效开始，经时间 t_{ACC} 后，所选中单元的内容就可由存储阵列中读出，但能否送至外部的数据总线，还取决于片选信号 $\overline{CE}$ 和输出允许信号 $\overline{OE}$。时序中规定，必须从 $\overline{CE}$ 有效经过 t_{CE} 时间以及从 $\overline{OE}$ 有效经过时间 t_{OE}，芯片的输出三态门才能完全打开，数据才能送到数据总线。

上述时序图中参数的具体值，在实际工程应用中请查阅有关的技术手册。

除了读方式外，2716 还有禁止方式、备用方式、写入方式、校核方式、编程方式等工作方式。

3. 电可擦除可编程序的 ROM

电可擦除可编程序的 ROM（electronic erasible programmable ROM）也称为 EEPROM 即 $E^2 PROM$。$E^2 PROM$ 管的结构示意图如图 14-20 所示。

它的工作原理与 EPROM 类似，当浮动栅上没有电荷时，管的漏极和源极之间不导电，若设法使浮动栅带上电荷，则管就导通。在 $E^2 PROM$ 中，使浮动栅带上电荷和消去电荷的方法与 EPROM 中是不同的。在 $E^2 PROM$ 中，漏极上面增加了一个隧道二极管，它在第二栅与漏极之间的电压 V_G 的作用下（在电场的作用下），可以使电荷通过它流向浮动栅（即起编程作用）；若 V_G 的极性相反也可以使电荷从浮动栅流向漏极（起擦除作用），而编程与擦除所用的电流是极小的，可用极普通的电源就可供给 V_G。

$E^2 PROM$ 的另一个优点是擦除可以按字节分别进行（不像 EPROM，擦除时把整个芯

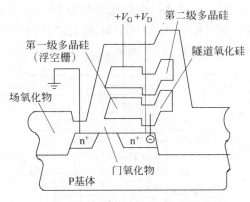

图 14-20　E^{2}PROM 结构示意图

片的内容全变成"1")。由于字节的编程和擦除都只需要 10ms,并且不需特殊装置,因此可以进行在线的编程写入。常用的典型芯片有 2816/2817/2864 等。

4. 闪速(快擦型)存储器

闪速存储器(flash memory)是不用电池供电的、高速耐用的非易失性半导体存储器,它以性能好、功耗低、体积小、重量轻等特点活跃于便携机存储器市场,但价格较贵。

闪速存储器具有 EEPROM 的特点,又可在计算机内进行擦除和编程,它的读取时间与 DRAM 相似,而写入的时间与磁盘驱动器相当。闪速存储器有 5V 或 12V 两种供电方式。对于便携机来讲,用 5V 电源更为合适。闪速存储器操作简便,编程、擦除、校验等工作均已编成程序,可由配有闪速存储器系统的中央处理机予以控制。

闪速存储器可替代 EEPROM,在某些应用场合还可取代 SRAM,尤其是对于需要配备电池后援的 SRAM 系统,使用闪速存储器后可省去电池。闪速存储器的非易失性和快速读取的特点,能满足固态盘驱动器的要求,同时,可替代便携机中的 ROM,以便随时写入最新版本的操作系统。闪速存储器还可应用于激光打印机、条形码阅读器、各种仪器设备以及计算机的外部设备中。典型的芯片有 27F256、28F016、28F020 等。

14.5　存储器扩展及其举例

存储器的扩展主要解决的问题是如何用容量较小、字长较短的芯片,组成计算机系统所需要的存储器。

存储芯片的扩展包括位扩展、字扩展和位、字同时扩展三种情况。

14.5.1　位扩展

位扩展是指存储芯片的字(存储单元)数量满足要求而位数不够,需要对每个存储单元的位数进行扩展。扩展的方法是将每片的地址线、控制线并联,数据线分别引出。位扩展的特点是存储器的单元数不变,位数增加。所需芯片数的计算公式为

$$N = 目标容量 \div 芯片容量$$

【**例 14-1**】 用 Intel 2114 芯片设计一个存储容量为 1K×8 位的存储系统。

解：由于 Intel 2114 是一种 1K×4 位的 SRAM，所需芯片数 N＝目标容量÷芯片容量＝$(1K×8)÷(1K×4)＝2$，连接方法如图 14-21 所示。

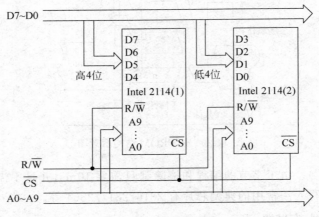

图 14-21 位扩展连接

在所设计的系统中第 1 块芯片负责存储高 4 位数据，第 2 块芯片负责存储低 4 位数据。

14.5.2 字扩展

字扩展是指存储芯片的位数满足要求而字（存储单元）数不够，需要对存储单元数进行扩展。扩展的原则是将每个芯片的地址线、数据线、控制线并联，仅片选端分别引出，以实现每个芯片占据不同的地址范围。

【**例 14-2**】 设某存储器容量为 6KB，请用 Intel 2716 芯片完成设计。地址范围安排在 0000H～17FFH。

解：Intel 2716 的容量为 2K×8，利用上面所介绍的公式很容易计算出需用三片进行字扩展。Intel 2716 有 8 条数据线（D0～D7）正好与数据总线（D0～D7）连接；11 条地址线（A0～A10）与低位地址线（A0～A10）连接。Intel 2716 选片信号（$\overline{CS}$）的连接是一个难点，需要考虑两个问题：一是与高位地址线（A11～A15）和控制信号线如何连接；二是根据给定的地址范围如何连接。可用 74LS138 完成选择译码，根据给定的地址范围，可列出三片 Intel 2716 的地址范围如表 14-1 所示。

表 14-1 EPROM 芯片地址范围

芯 片	A15	A14	A13	A12	A11	A15 ～ A0 最低地址	A15 ～ A0 最高地址	地址范围（十六进制）
EPROM1	0	0	0	0	0	00000000000	11111111111	0000H～07FFH
EPROM2	0	0	0	0	1	00000000000	11111111111	0800H～0FFFH
EPROM3	0	0	0	1	0	00000000000	11111111111	1000H～17FFH

其中，高位地址线 A11、A12、A13 分别与 74LS138 的输入端 A、B、C 连接，A14 与使能端 G2B 连接，A15 与使能端 G2A 连接；控制信号 IO$/\overline{M}$、$\overline{RD}$ 经或非门与 74LS138 使能端 G1 连接。芯片连接如图 14-22 所示。

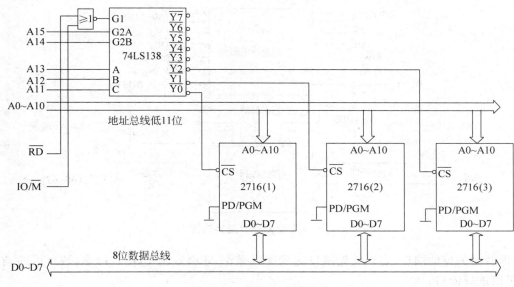

图 14-22 芯片字扩展连接

14.5.3 字、位同时扩展

字、位同时扩展是指存储芯片的位数和字数都不满足要求,需要对位数和字数同时进行扩展。可以先进行位扩展,即组成一个满足位数要求的存储芯片组,再用这个芯片组进行字扩展,以构成一个既满足位数又满足字数的存储器。

14.6 并行访问及交叉访问存储器

由于中央处理器与主存储器在速度上不匹配,通常 CPU 处理数据的速度要快于主存储器的读取数据的速度。为了加快 CPU 和主存之间的数据传输,除了提高主存本身的读写速度之外,还可以采用更先进的存储结构,比如增加高速缓存、采用双端口和多体交叉存储器等。

14.6.1 双端口 RAM

双端口 RAM 由同一个存储体具有两组相互独立的读写控制线路而得名。其逻辑结构如图 14-23 所示。因为有两套独立的读写线路,所以总的访问速度很快。显然,双端口 RAM 是以增加物理器件为代价来提高存储器速度的。

当两个端口输入的地址不相同时,不存在访问冲突,可在两个端口上并行进行读写操作。每一个端口都有自己的片选控制($\overline{CE}$)、输出驱动控制($\overline{OE}$)和读写控制($R/\overline{W}$),用来控制本端口的读写操作。

当两个端口输入的访问地址相同时,便会发生读写冲突。这时,由片上的判断逻辑根据控制信号的先后顺序来决定先由哪个端口进行读写操作,而对另一个端口设置 BUSY 标

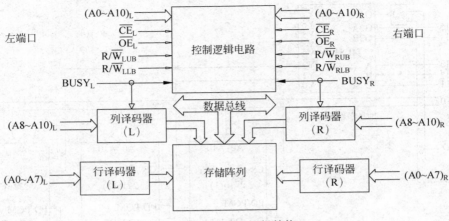

图 14-23 双端口逻辑结构

志,即暂时关掉此端口,直到优先端口完成读写操作,才会取消 BUSY 标志,被延迟的端口才可以进行读写。

14.6.2 多体交叉存储器

1. 多体交叉存储器的基本结构

在常规主存中,所有存储单元按顺序编址,使用同一个读写控制电路进行存取,在一个存储周期内只能读出 1 个字。在多体交叉存储器中,主存由大小相同的多个存储模块组成,每个存储模块有自己的读写控制电路,可独立地进行读写工作,能在一个存储周期内并行读出多个字。

四体交叉存储器结构框图如图 14-24 所示。主存被分成四个相互独立、容量相同的模块 M0、M1、M2、M3。连续的地址被线性地分配到不同的模块中,这就为同时访问连续 n 个存储单元提供了可能性。由于程序具有空间局部性原理:CPU 即将要访问的信息很可能与目前正在使用的信息在空间上相邻,所以并行存取连续多个存储单元的能力可以大大提高程序读取指令和数据的速度。

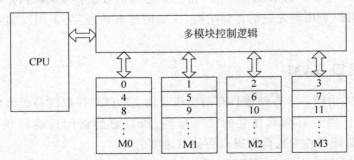

图 14-24 四体交叉存储器结构框图

2. 地址编址方法

通常采用字一级交叉方法,即使用以下交叉规则在存储模块之间分配地址。

如果 $j = i \bmod M$,就把地址 Ai 分配给存储模块 Mj。式中,i 是 CPU 所要访问的字编号,M 是多体存储器模块数。

于是 A0、Am、A2m、… 分配给 M0;A1、Am+1、A2m+1、… 分配给 M1;以此类推。存储模块之间分配地址的这种技术通常称为交叉。在 M 个模块之间的地址交叉称为 M 路交叉。假如取模块数 M 为 2 的幂函数,即 $M=2^P$,此时每个二进制地址的最低 P 位地址直接指出了这个地址所属的模块号。例如,P 为 2,则最低 2 位地址 00、01、10、11 分别指向模块 M0、M1、M2、M3。

3. 多模块交叉结构的数据访问

CPU 访问四个存储体,一般有两种方式:在一个存取周期内,同时访问四个存储体,由存储器控制部件控制它们分时使用数据总线进行信息传递;在一个存取周期内分时访问每个存储体,即每经过 1/4 存取周期就访问一个存储体。这样,对每个存储器来说,它可以在一个存取周期内访问四个体,个体的读写过程将重叠进行。所以多体交叉存储系统是一种并行存储器结构。

假设存储系统访问一个字的周期为 T,总线传送周期为 τ,交叉模块数为 m,用流水线方式访问数据必须满足:

$$T = m\tau$$

每经 τ 时间间隔启动下一个存储模块 Mi,那么经 T 时间后每隔一个 τ 时间就可完成一个数据访问,如图 14-25 所示。模块的启动由各自的控制信号完成。

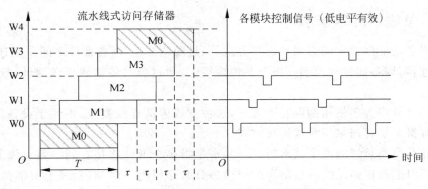

图 14-25　多模块交叉结构流水线式访问

对多体交叉存储器来说,使用效率与所产生的存储器地址的顺序密切相关,显然这个顺序是由正在执行的程序所决定。如果要访问的多个数据在同一模块 Mi 中,则会出现存储器争用,此种情况下存储器的读写操作就不能同时进行。在最坏的情况下,如果所有的地址都访问一个模块,那么存储器模块化的好处就会完全丧失。

第 *15* 章

总线系统

总线是连接多个部件的公共信息通道,总线技术对计算机的性能影响很大。本章主要讨论总线的基本概念、总线的互联结构、总线的仲裁等。

15.1 总线概述

15.1.1 总线的基本概念

计算机各功能部件之间有两种连接方式,一是两两互连,即各部件之间单独连线;二是通过总线连接,即各部件连接到一组公共传输线上,通过公共传输线传送地址、数据和控制信息。

早期的计算机大多使用两两互连方式,这种方式内部连线复杂、不便于设备扩展,因此目前的计算机系统普遍采用总线连接方式。

分时和共享是总线的两个基本特点。共享是指多个部件连接在同一条总线上,各个部件之间都可以通过这条总线进行信息的交换。分时是指同一时刻,总线上只能传输一个部件发送出来的信息,需要传送数据的设备只能轮流使用总线。

15.1.2 总线的分类

1. 按连接部件分类

按照连接部件,可以将总线分为以下三种。

(1) CPU 内部总线:CPU 内部各部件之间的信息传送线。如寄存器与寄存器之间、寄存器与算术逻辑单元之间的连接线。

(2) 系统总线:计算机各大部件如 CPU、主存、I/O 接口之间的连接线。按传输信息的不同可分为三类:数据总线、地址总线和控制总线。

(3) 通信总线:主要用于计算机系统之间或计算机与其他系统之间的通信。

2. 按数据传送方式分类

按照数据传送方式,可以将总线分为以下两种。

(1) 并行总线：采用多根传输线同时传送一个字节或一个字的所有位。

(2) 串行总线：采用一根传输线一位一位地传送数据。

3. 按总线的通信定时方式分类

按照总线的通信定时方式，可以将总线分为以下两类。

(1) 同步总线：互联的部件或设备均通过统一的时钟进行同步，即所有的互联的部件或设备都必须使用同一个时钟（同步时钟），在规定的时钟节拍内进行规定的总线操作，来完成部件或设备之间的信息交换。

(2) 异步总线：所有部件或设备基于握手信号进行通信，即发送设备和接收设备互用请求（request）和确认（acknowledgement）信号来协调动作。没有统一的时钟，也没有固定的总线周期。

15.1.3　总线的性能指标

总线的性能指标主要包括以下三个方面。

(1) 总线宽度：即数据总线宽度，指一次总线操作中通过总线传送的数据位数，一般有 8 位、16 位、32 位和 64 位。

(2) 总线频率：总线的工作频率，单位是 MHz。工作频率越高，总线工作的速度越快，总线带宽越宽。

(3) 总线带宽（标准传输率）：单位时间内总线上可传送的数据量。总线带宽＝总线宽度×总线传输次数/秒。通常用 Mb/s（每秒百万位，Mbps）或 MB/s（每秒百万字节，MBps）表示。例如，总线工作频率 33.3MHz，总线宽度 32 位，则总线带宽＝33.3×32/8＝132（MB/s）。

15.2　总线互连结构

总线互连结构是指计算机各部件互连所采用的连接方式，对于单机系统而言有单总线结构和多总线结构两种。

15.2.1　单总线结构

单总线结构将 CPU、主存、I/O 设备（通过 I/O 接口）都挂接到系统总线上，如图 15-1 所示，允许 I/O 之间、I/O 与主存之间直接交换信息。

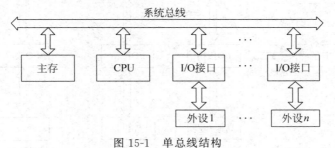

图 15-1　单总线结构

单总线系统中,除 CPU 之外,所有部件都必须有标示自己的唯一地址,这样,CPU 才能使用地址和命令对某个模块进行操作。

单总线结构简单且便于扩充。但是,由于所有的信息都通过一组总线传送,而总线在某一时间只能为一对设备服务,这就极大地限制了数据传送的效率。要提高总线的传输性能,可以通过增加总线宽度和提高传输速率两种方法解决。对于单总线结构而言,传输速率又受限于系统中主存和各种外设的速度,因为总线时钟频率必须用最慢设备的速度来确定,为了减小这种限制,因此出现了多总线结构。

15.2.2　多总线结构

根据系统中总线数量的不同,多总线结构有双总线结构、三总线结构以及四总线结构等类型。多总线结构的特点是按照读写速率对 I/O 设备进行分类,然后将不同速率的设备挂接到不同层次的总线上。

双总线结构是将速度较低的 I/O 设备从单总线上分离出来,形成主存总线和 I/O 总线分开的结构,如图 15-2 所示。

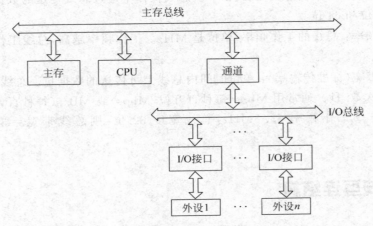

图 15-2　双总线结构

图 15-2 中的通道是具有 I/O 管理功能的特殊处理器,CPU 向通道发出专门的 I/O 指令启动通道,通道调用指定的通道程序完成外部设备与主存之间的数据传送。

三总线结构的种类很多,图 15-3 所示为其中一种。

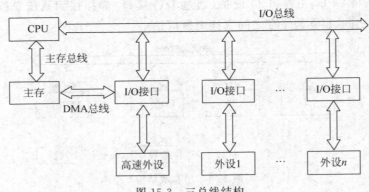

图 15-3　三总线结构

图 15-3 中主存总线用于 CPU 与主存之间的数据传输,I/O 总线供 CPU 与各类 I/O 设备之间传递信息,DMA 总线用于主存与高速外设之间的信息交换。

四总线结构如图 15-4 所示。CPU 和 Cache 用高速的 CPU 总线相连,系统总线和高速总线通过桥与 CPU 总线相连。主存连接在系统总线上,高速外设连接在高速总线上,低速外设则通过扩展总线连接到高速总线上。这种结构对不同速度的设备进行了更细致的划分,进一步提高了总线的效率和吞吐量。

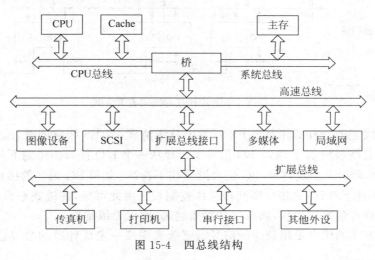

图 15-4　四总线结构

15.3　总线仲裁

总线上可以连接多个部件或设备,这些部件或设备进行信息传输时,发起操作的一方称为主设备,响应操作的一方称为从设备。有的设备在不同时间可以在主、从设备之间切换,如 CPU;有的设备只能作为从设备,如内存。任一时间都只能由一个主设备控制总线,而同一时间里可以有一个或多个从设备。

除 CPU 外,I/O 设备也可以提出总线请求。当多个设备同时提出使用总线的请求时,必须由总线控制器按事先规定的原则进行仲裁,确定使用总线的先后次序,从而决定先由哪一个设备控制总线。一般采用优先级或公平策略进行仲裁。

按照总线仲裁电路的位置不同,总线仲裁方式可分为集中式仲裁和分布式仲裁。

15.3.1　集中式仲裁

集中式仲裁是将总线访问的控制逻辑做在一个控制器中,该控制器可以是处理器中的模块,也可以是一个独立的控制单元,通过将所有总线请求集中起来,采用一个特定的仲裁算法来进行仲裁。

系统中每个设备至少有两条控制线连接到总线控制器上,一条是送往总线控制器的总线请求信号 BR;一条是总线控制器送出的总线授权信号 BG。

常用的集中式仲裁方式主要有链式查询方式、计数器定时查询方式和独立请求方式。

1. 链式查询方式

链式查询方式如图 15-5 所示,其中 BS 是总线忙信号,当 BS 线为 1 时,表示总线正被某外设使用。

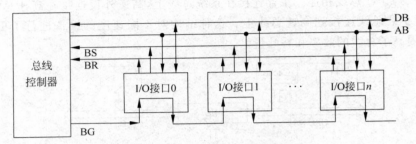

图 15-5 集中式仲裁的链式查询方式

连接在总线上的所有部件通过 BR 线发出总线请求,当 BS 线空闲时,总线控制器响应 BR 信号,发出总线授权信号 BG。BG 信号串行地从一个 I/O 接口传送到下一个 I/O 接口。如果 BG 到达的接口无总线请求,BG 信号继续往下查询;如果 BG 到达的接口有总线请求,BG 信号就不再往下查询,该接口即获得总线控制权。由此可见,在链式查询中离总线仲裁器最近的设备具有最高优先权,离总线仲裁器越远,则优先级越低。

链式查询方式的优点是用较少的信号线就能实现按一定优先级的总线控制,并且很容易扩充设备。

链式查询方式的缺点是对查询链的电路故障很敏感,如果某个设备接口电路出现故障,则连接的设备都不能工作。此外,由于优先级固定不变,如果优先级高的设备频繁发出总线请求,优先级低的设备可能长期无法获得总线使用权。

2. 计数器查询方式

计数器查询方式如图 15-6 所示。总线上的所有设备都可以通过 BR 线发出总线请求。当 BS 线空闲时,总线控制器响应 BR 信号,让计数器开始计数,计数值通过一组设备地址线发向各设备。每个设备将地址线上的计数值与自己的设备号比较,若一致,该设备使 BS 线置"1",获得总线使用权,并终止计数查询。

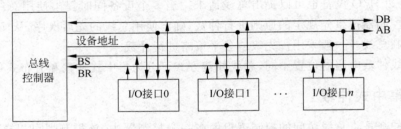

图 15-6 集中式仲裁的计数器定时查询方式

每次计数可以从"0"开始,也可以从中止点开始。如果从"0"开始,各设备的优先次序与链式查询法相同。如果从中止点开始,则每个设备拥有相同的总线优先级;也可以用程序来设置计数器的初值以改变优先级别。

与链式查询方式相比,计数器查询方式更为灵活,但这是以增加线数为代价的。

3. 独立请求方式

独立请求方式如图 15-7 所示,总线上的每一个设备都有专属的总线请求线 BR 和总线允许线 BG。当某个设备要使用总线时,便通过专有的 BR 线发出请求信号。总线控制器则根据优先级别来决定首先响应哪个设备的请求,然后给这个设备发送授权信号 BG。

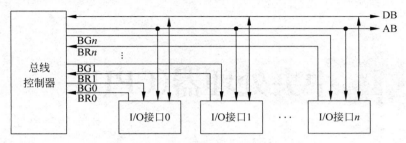

图 15-7　集中式仲裁的独立请求方式

独立请求方式的优点是响应速度快,可灵活控制优先级别;缺点是控制线数量较多,硬件电路较复杂。

15.3.2　分布式仲裁

分布式仲裁不需要集中的仲裁器,每个主方设备都有仲裁号和仲裁器。当它们有总线请求时,把它们唯一的仲裁号发到共享的仲裁总线上。在其后的竞争过程中,每个仲裁器将自己的仲裁号与仲裁总线上的号进行比较,如果仲裁总线上的号大,则撤销自己的仲裁号,其总线请求不予响应。这样竞争到最后,获胜者的仲裁号保留在仲裁总线上。显然,设备的仲裁号就代表它的优先级,仲裁号越大优先级别就越高。

第16章

中央处理器(CPU)

16.1 CPU 的功能和基本结构

16.1.1 CPU 的主要功能

CPU 即中央处理器,是计算机的核心部件,相当于计算机的"大脑"。CPU 主要由运算器和控制器两大部件组成,运算器进行各种算术逻辑运算,控制器协调和控制计算机各个功能部件有条不紊地工作。

根据冯·诺依曼原理,当计算机要处理某个问题时,先将预先编写好如何解决这个问题的程序存储在存储器中,程序由一条条指令组成,计算机运行时,能自动地从存储器中取出一条指令并执行,再取出下一条指令并执行,周而复始,直到程序结束。因此,CPU 的主要任务就是取指令和执行指令。

通常,将 CPU 的功能划分为如下几点。

1. 数据加工

数据加工是 CPU 最基本的任务和功能,主要是指对数据进行算术运算或逻辑运算。

2. 指令控制

指令控制是指对程序的顺序控制。由于程序是一个指令序列,先执行哪条指令后执行哪条指令,这个顺序不能任意颠倒,必须严格按程序规定的顺序进行。

3. 操作控制

一条指令的功能往往是由若干个微操作的组合来实现的。CPU 根据指令寄存器中的指令,产生该指令的操作信号,并把这些操作信号送往相应的部件,从而控制这些部件按指令的要求进行动作。

4. 时间控制

时间控制是指对各种操作实施时间上的控制。在计算机中,每条指令的各个微操作都受到时间的严格控制。

5. 中断控制

当计算机在程序运行时,遇到了异常情况或特殊的请求,CPU 能够中断现在执行的程序而转去处理更为紧急的事件。

16.1.2　CPU 的一般结构

早期的 CPU 是由运算器和控制器两大部件组成,但是随着超大规模集成电路技术的发展,芯片的集成度越来越高,许多以前放在 CPU 芯片以外的功能部件也移入了 CPU 芯片内,因此,现今 CPU 的内部结构越来越复杂。为了学习方便,一般认为 CPU 由运算器,Cache 和控制器三大部件组成。

控制器由程序计数器、指令寄存器、指令译码器、时序产生器和操作控制器组成,它是发布命令的"决策机构",即指挥整个计算机系统协调工作的部件。它的主要功能如下。

(1) 从内存中取出一条指令,并指出下一条指令在内存中的位置。

(2) 对指令进行译码或测试,并产生相应的操作控制信号,以便启动规定的动作。

(3) 指挥并控制 CPU、内存和输入/输出设备之间数据流动的方向。

运算器由算术逻辑单元(ALU)、通用寄存器、数据缓冲寄存器和状态条件寄存器组成,它是数据加工处理部件。运算器接受控制器的命令而进行动作,即运算器所进行的全部操作都是由控制器发出的控制信号来指挥的,所以它是执行部件。运算器的功能主要是进行算术逻辑运算。

Cache 是高速缓冲存储器,是为了解决 CPU 与主存之间速度不匹配而采用的一项重要技术。在现代的存储系统中 Cache 也被分为几级,有片内 Cache 和片外 Cache,片内 Cache 是指集成到 CPU 芯片内的 Cache,现在片内 Cache 也分为几级,最靠近 CPU 的一级 Cache 其速度已和 CPU 的速度相匹配。单累加器 CPU 的逻辑结构示意图如图 16-1 所示。

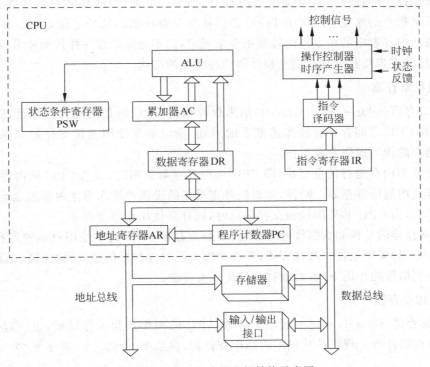

图 16-1　CPU 组成的逻辑结构示意图

16.1.3 CPU 中的主要寄存器

在 CPU 中至少要有六类寄存器。这些寄存器用来暂存一个计算机字。根据需要,可以扩充其数目。下面详细介绍这些寄存器的功能与结构。

1. 数据缓冲寄存器

数据缓冲寄存器(data register,DR)用来暂时存放由内存储器读出的一个数据字;反之,当向内存存入一个数据字时,也暂时将它们存放在数据缓冲寄存器中。在单累加器结构的运算器中,数据缓冲寄存器可兼作操作数寄存器。

2. 指令寄存器

指令寄存器(instruction register,IR)用来保存当前正在执行的一条指令。指令划分为操作码和地址码字段,由二进制数字组成。为了执行任何给定的指令,必须对操作码进行测试,以便识别所要求的操作。指令译码器就是做这项工作的。指令寄存器中操作码字段的输出就是指令译码器的输入。操作码经译码后,即可向操作控制器发出具体操作的特定信号。

3. 程序计数器

为了保证程序能够连续地执行下去,CPU 必须具有某些手段来确定下一条指令的地址,程序计数器(program counter,PC)正是起到这种作用,所以通常又称为指令计数器。在程序开始执行前,必须将它的起始地址,即程序的一条指令所在的内存单元地址送入 PC,因此 PC 的内容即是从内存提取的第一条指令的地址。当执行指令时,CPU 将自动修改 PC 的内容,以便使其总是保持将要执行的下一条指令的地址。由于大多数指令都是按顺序来执行的,所以修改的过程通常只是简单的对 PC 加 1。但是,当遇到转移指令如 JMP 指令时,那么后继指令的地址(即 PC 的内容)必须从指令寄存器的地址字段取得。在这种情况下,下一条从内存取出的指令将由转移指令来规定,而不是像通常一样按顺序来取得。程序计数器的结构应当是具有寄存信息和计数两种功能的结构。

4. 地址寄存器

地址寄存器(address register,AR)用来保存当前 CPU 所访问的内存单元的地址。由于在内存和 CPU 之间存在着操作速度上的差别,所以必须使用地址寄存器来保持地址信息,直到内存的读写操作完成为止。

当 CPU 和内存进行信息交换,即 CPU 向内存取数据时,或者 CPU 从内存中读出指令时,都要使用地址寄存器。同样,如果把外围设备的设备地址作为像内存的地址单元那样来看待,那么,当 CPU 和外围设备交换信息时,同样要使用地址寄存器。

地址寄存器的结构和数据缓冲寄存器、指令寄存器一样,通常使用单纯的寄存器结构。信息的存入一般采用电位—脉冲方式,即电位输入端对应数据信息位,脉冲输入端对应控制信号,在控制信号的作用下,瞬时地将信息传入寄存器。

5. 通用寄存器

通用寄存器($R0 \sim Rn-1$)一般用于存放 ALU 的操作数和运算结果,也可以作为变址寄存器、堆栈指针等。现代计算机中的通用寄存器,多达 16 个、32 个,甚至更多。通用寄存器一般由程序编址访问,需要在指令格式中对寄存器进行编号。

累加寄存器 AC 是一种暂存运算结果的通用寄存器,CPU 执行算术或逻辑运算时,将一个操作数放在累加寄存器中,再从内存或其他寄存器中取出另一个操作数,所得的运算结果存入累加寄存器。一台计算机可以有 1 个或多个累加寄存器。

6. 状态条件寄存器

状态条件寄存器(program status word,PSW)保存由算术指令和逻辑指令运行或测试的结果建立的各种条件码内容,如运算结果进位标志(C)、运算结果溢出标志(V)、运算结果为零标志(Z)、运算结果为负标志(N)等。这些标志位通常分别由 1 位触发器保存。除此之外,状态条件寄存器还保存中断和系统工作状态等信息,以便使 CPU 和系统能及时了解机器运行状态和程序运行状态。因此,状态条件寄存器是一个由各种状态条件标志拼凑而成的寄存器。

16.2　指令周期

计算机之所以能自动地工作,是因为 CPU 能从存放程序的内存里取出一条指令并执行这条指令;紧接着又是取指令,执行指令……如此周而复始,构成了一个封闭的循环。除非遇到停机指令,否则这个循环将一直继续下去。

1. 指令周期

指令周期是指 CPU 从内存中取出一条指令并执行这条指令的时间总和。指令周期通常用若干个 CPU 周期来表示。

2. CPU 周期

CPU 周期又称机器周期,CPU 访问一次内存所花的时间较长,因此用从内存读取一条指令字的最短时间来定义。

3. 时钟周期

时钟周期通常称为节拍脉冲或 T 周期。一个 CPU 周期包含若干个时钟周期。

采用定长 CPU 周期的指令周期示意图如图 16-2 所示。从这个例子知道,取出和执行任意一条指令所需的最短时间为两个 CPU 周期,即任意一条指令,它的指令周期至少需要两个 CPU 周期,复杂的指令可能需要更多的 CPU 周期。

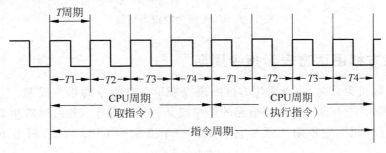

图 16-2　指令周期

下面通过从 CPU 取出一条指令(CLA)并执行这条指令的分解动作,来具体认识指令的指令周期。

16.2.1　CLA 指令的指令周期

CLA 是一条非访内指令,它需要两个 CPU 周期,其中取指令阶段需要一个 CPU 周期,执行指令阶段需要一个 CPU 周期。

1. 取指令阶段

(1) 程序计数器 PC 的内容被装入地址寄存器 AR。

(2) 程序计数器内容加 1,为取下一条指令做好准备。

(3) 地址寄存器的内容被放到地址总线上。

(4) 所选存储器单元的内容经过数据总线,传送到指令寄存器 IR。

(5) 指令寄存器中的操作码被译码或测试。

(6) CPU 识别出是指令 CLA,至此,取指令阶段结束。

2. 执行指令阶段

(1) 操作控制器送一控制信号给算术逻辑运算单元 ALU。

(2) ALU 响应该控制信号,将累加寄存器 AC 的内容全部清零,从而执行了 CLA 指令。

一条 CLA 指令的执行过程如图 16-3 所示。

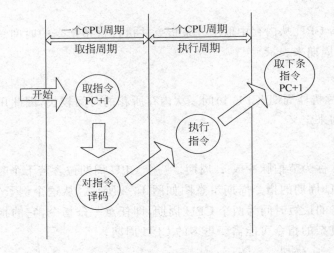

图 16-3　CLA 指令的指令周期

16.2.2　用方框图语言表示指令周期

在进行计算机设计时,可以采用方框图语言表示一条指令的指令周期。方框代表一个 CPU 周期,方框中的内容表示数据通路的操作或某种控制操作。菱形通常用来表示某种判别或测试,不过时间上它依附于紧接它的前面一个方框的 CPU 周期,而不单独占用一个 CPU 周期。

本虚拟实验系统用方框图语言表示的指令周期如图 16-4 所示。图 16-4 中的 ⌐ 符号称为公操作符号。这个符号表示一条指令已经执行完毕,转入公操作。公操作就是一条指令执行完毕,CPU 开始进行的一些操作,这些操作主要是 CPU 对外围设备请求的处理,如中断处理、通道处理等。如果外围设备没有向 CPU 请求交换数据,那么 CPU 又转向取下一条指令。由于所有指令的取指操作是完全一样的,因此,取指令也可以认为是公操作。一条指令执行结束后,如果没有外设请求,CPU 一定会转入"取指令"操作。

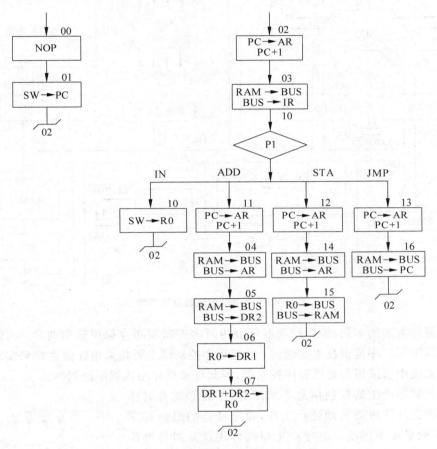

图 16-4　用方框图语言表示指令周期

16.3　数据通路的功能和基本结构

由前面的介绍可知,CPU 中有六类主要的寄存器,每一类都完成一种特定的功能,然而信息在各个寄存器中是怎样传送的呢? 也就是说,数据的流动是由什么部件控制的呢?

通常把在多个寄存器中传送信息的通路称为数据通路。本书第 9 章简单模型机的数据通路图如图 16-5 所示。信息从什么地方开始,经过哪些寄存器或三态门,最后到达哪个寄存器,都要加以控制。在各个寄存器之间建立数据通路的任务是由称为操作控制器的部件完成的。操作控制器的功能是根据指令的操作码和时序信号,产生各种操作控制信号以便正确地选择数据通路,把数据传送到相关的某个寄存器,从而完成取指令和执行指令的控制。

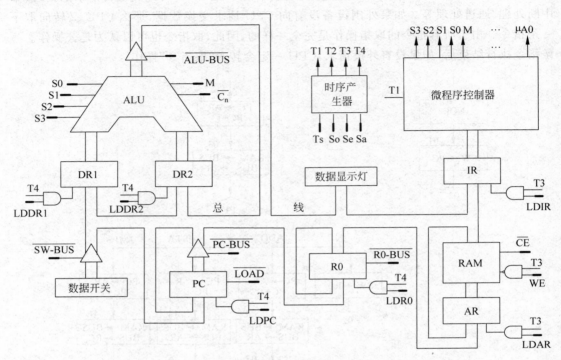

图 16-5 简单模型机数据通路图

根据设计方法的不同,操作控制器可分为时序逻辑型和存储逻辑型两种:①硬布线控制器主要是采用时序逻辑技术实现的;②微程序控制器主要是采用存储逻辑来实现的。本虚拟实验系统中所采用的是微程序控制器,因此将重点介绍微程序控制器。

操作控制器产生的控制信息必须定时,因此必须有时序产生器。因为计算机高速地进行工作,每个动作的时间都非常严格,不能早也不能晚。时序产生器的作用就是对各种操作控制信号实施时间上的控制。本虚拟实验系统的时序产生器如图 16-6 所示。

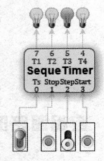

图 16-6 时序产生器

时序产生器用于产生四个等间隔时序信号 T1、T2、T3 和 T4。在本虚拟实验系统中,连续发出的一轮 T1～T4 时序信号对应一个 CPU 周期。其中,Ts 为时钟源输入信号,stop 为停止信号,start 为开始信号,step 为单步运行状态信号。在 step=0 时,时序产生器处于连续运行状态,单击"start"按钮,时序信号 T1～T4 会周而复始地发送出去,若此时单击"stop"按钮,发送完此周期时序信号后就会停机。在 step=1 时,处于单步运行状态,即每次单击"start"按钮,时序产生器发送完一个 CPU 周期时序信号后就会自动停机。

16.4 微程序控制器

微程序控制思想最早是英国剑桥大学教授 M. V. Wilkes 在 1951 年提出的。为了克服组合逻辑电路设计方法导致控制器线路设计异常复杂的缺点,他大胆地提出采用类似用程序设计的思想方法来组织操作控制逻辑,用规整的存储逻辑代替繁杂的组合逻辑。

微程序控制的基本思想是将计算机所需要的各种操作控制信号编成"微指令",存放在一个只读存储器中,当 CPU 运行一条指令时,就将这条指令的执行过程转化为多条微指令的读出和执行过程,从而产生全机所需的各种操作控制信号,控制相应的执行部件有条不紊地完成规定的操作。

与硬布线控制器相比,微程序控制器具有规整性、灵活性、可维护性等一系列优点,因而在计算机设计中得到了广泛应用。

为了进一步理解微程序控制器,则需要理解微命令、微操作、微指令、微指令周期、微程序、控制存储器和微地址等概念以及它们之间的相互关系,下面分别介绍。

16.4.1 微命令和微操作

一台数字计算机从控制和执行的层面上可以划分为两大部件,即控制部件和执行部件。控制器就是一台计算机的控制部件;而运算器、存储器及输入/输出设备等一系列外围设备相对于控制器来说都可以归为执行部件。

控制部件与执行部件之间有两种联系方式,一种是通过控制线,是控制部件给执行部件发出控制信号的连接线;另一种是通过状态线,是执行部件给控制部件反馈执行结果的连接线。

微命令是控制部件通过控制线给执行部件发出的各种操作控制命令。每一个操作控制命令就是一个微命令。执行部件在微命令的控制下所进行的操作称为微操作。一个微命令对应一个微操作,因此,微命令和微操作是一一对应的。由微命令和微操作的定义可以看出,微命令就是操作控制信号,而微操作则是微命令所对应的一个动作。

微操作在执行部件中是最基本的操作,由于数据通路的结构关系,微操作可以分为相容性微操作和相斥性微操作两种。相容性微操作是指能同时或在同一个 CPU 周期内并行执行的微操作;相斥性微操作是指不能同时或在同一个 CPU 周期内并行执行的微操作。

本实验系统第 5 章总线与微命令实验中所涉及的数据通路总框图如图 16-7 所示。图 16-7 中,ALU 为算术逻辑运算单元,DR1 和 DR2 是 ALU 的两个输入寄存器,用于接收来自数据总线上的数据,数据从数据开关通过一个三态门输入到数据总线上,而 ALU 的输出也是通过一个三态门输出到数据总线上。T1、T2、T3、T4 为四个等间隔的时序控制信号,这四个信号组成一个 CPU 周期。S3、S2、S1、S0、M、$\overline{C_n}$ 信号为 ALU 的操作控制信号,LDDR1 和 LDDR2 是 DR1 和 DR2 的输入控制信号,LDAR 是 AR 的输入控制信号,$\overline{CE}$ 是 RAM 的片选控制信号,WE 是 RAM 的读写控制信号,$\overline{SW\text{-}BUS}$ 是数据输入三态门的控制信号,$\overline{ALU\text{-}BUS}$ 是 ALU 输出三态门的控制信号。

图 16-7 所示的数据通路中,当 M＝0 时进行算术运算,当 M＝1 时进行逻辑运算,$\overline{C_n}$ 为

算术运算产生的进位输出信号。S3、S2、S1、S0 是 ALU 各种算术逻辑运算的选择信号,4 个信号一共有 16 种状态,表示 16 种不同的运算,因此,一共有 32 种算术运算和逻辑运算。在同一个 CPU 周期内能同时设置 S3、S2、S1、S0、M、$\overline{C_n}$ 这 6 个控制信号,只是不同的取值表示不同的运算,因此,这 6 个微命令所对应的微操作是相容性的。

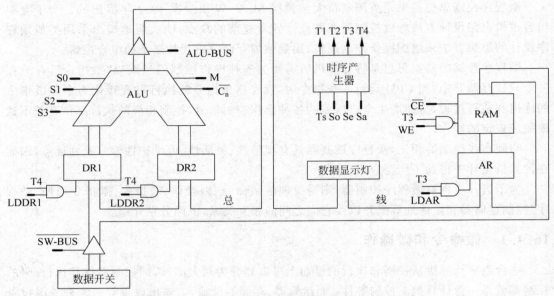

图 16-7 总线与微命令实验数据通路总框

LDDR1 和 LDDR2 这两个微命令所对应的微操作是相斥性的,因为数据总线上任意时间只能有一个数据,在一个 CPU 周期内只能将数据总线上的一个数据传入到 DR1 或 DR2 中。

16.4.2 微指令和微程序

1. 微指令

微指令(microinstruction)是若干个微命令的组合。在机器的一个 CPU 周期内,通常需要产生多个微命令,一组实现一定操作功能的微命令的组合构成一条微指令。即在一个 CPU 周期内完成的操作功能是由一个微指令来实现的。

一条微指令一般可分为操作控制部分和顺序控制部分,顺序控制部分一般由测试判断字段(P 字段)和直接微地址两部分组成。操作控制部分用来发出指挥全机工作的控制信号,是所有微命令的组合。

本实验系统最常用到的微指令基本格式如图 16-8 所示。该条微指令的字长为 24 位,其中 5～23 这 19 位是操作控制部分,每一位都表示一个微命令。如第 19 位表示 ALU 的 M 控制信号,当 M＝1 时,表示 ALU 执行逻辑运算;当 M＝0 时,表示 ALU 执行算术运算。第 13 位表示微命令 LDDR1,当 LDDR1 为 1 时表示把数据总线上的数据传入寄存器 DR1 中,当 LDDR1 为 0 时表示不发出这个微命令。第 4 位是 P 字段,表示通过判断测试的条件确定下一条微指令的地址。P1 为 1 时,下一条微指令的地址需要进行判别测试,根据测试结果,对 0～3 位给出的地址进行修改,才能得到正确的下一条微指令的地址;当 P1 为 0

时,下一条微指令的地址由第 0～3 位直接给出;第 0～3 这 4 位是直接微地址部分,给出的是微指令的绝对地址。决定后续微指令地址的方法有很多。

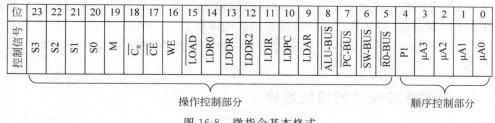

图 16-8　微指令基本格式

2. 微程序

从前几节的学习可知,一条机器指令从取出指令到执行完这条指令所需的时间叫指令周期,一条机器指令一般都需要 2 个或 2 个以上的 CPU 周期完成。一个 CPU 周期的时间正好等于一条微指令的执行时间。由此可以看到一条机器指令的功能是由若干条微指令组成的序列实现的,而这个指令序列通常称为微程序。因此,微程序就是微指令的有序集合。每条机器指令的执行过程就是其所对应的微程序也就是微指令序列的执行过程。

3. CPU 周期与微指令周期的关系

在串行方式的微程序控制器中,微指令周期等于读出这条微指令的时间加上执行该条微指令的时间。为了保证整个机器控制信号都同步,可将一个微指令周期时间设计得恰好和 CPU 周期时间相等。计算机中 CPU 周期和微指令周期的时间关系如图 16-9 所示。

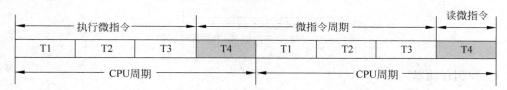

图 16-9　CPU 周期与微指令周期的关系

一个 CPU 周期如果为 $0.8\mu s$,它包含四个等间隔的节拍脉冲 T1～T4,每个脉冲的宽度为 200ns。用 T4 作为读取微指令的时间,用 T1+T2+T3 作为执行微指令的时间。例如,在前 600ns 时间内运算器进行运算,在 600ns 时间的末尾运算器已经运算完毕,可用 T4 上升沿将运算结果传入某个寄存器。与此同时,可用 T4 间隔读取下一条微指令,经 200ns 时间延迟,下一条微指令又从控制存储器中读出,并用 T1 上升沿传入微指令寄存器。如果忽略触发器的翻转延迟,那么下一条微指令的微命令信号从 T1 上升沿起就开始有效,直到下一条微指令读出后打入微指令寄存器为止。因此,一条微指令的保持时间恰好是 $0.8\mu s$,也就是一个 CPU 周期的时间。

16.4.3　机器指令与微指令的关系

经过前面的学习了解了微命令、微操作、微指令、微程序、机器指令、程序等概念,现将这些概念之间的关系做一个归纳总结。

(1) 程序是由机器指令组成,是机器指令的有序集合。

（2）一条机器指令对应一个微程序，微程序是微指令的有序集合。因此，一条机器指令的功能是由若干条微指令组成的序列来实现的。

（3）微指令的操作控制字段代表了计算机的微命令集合，由这些微命令向计算机各执行部件发出控制信息，促使执行部件完成相应的微操作。

（4）每一个 CPU 周期对应一条微指令，一般一个指令周期对应两个或两个以上的 CPU 周期。

16.4.4　微程序控制器的组成原理

微程序控制器主要由控制存储器（CM）、微指令寄存器和地址转移逻辑三大部分组成。其中，微指令寄存器又分为微地址寄存器和微命令寄存器两部分。微程序控制器组成原理框图如图 16-10 所示。

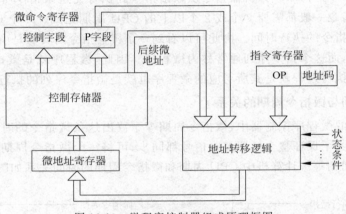

图 16-10　微程序控制器组成原理框图

1. 控制存储器

控制存储器（CM）用于存放微指令，这些微指令组成的微程序实现了全部机器指令的功能。控制存储器是一个只读型的存储器，一旦微程序固化，机器运行时则只能读不能写。其工作过程和计算机程序的执行类似，首先是根据微地址寄存器的内容到控制存储器中找到这条微指令，将其读出，然后执行这条微指令；接着读出下一条微指令，执行新读到的微指令，以此类推。

读出一条微指令并执行该条微指令所需要用到的时间总和称为一个微指令周期。在串行方式的微程序控制器中，微指令周期通常就是存储器的工作周期。微指令字长不能超过控制存储器的字长，控制存储器的容量决定了该机器指令系统涉及的微程序的总长度。对于控制存储器，要求速度快，读出周期短，通常采用双极型半导体只读存储器来构成。

2. 微指令寄存器

微指令寄存器用来存放从控制存储器中读出的一条微指令信息。其中微指令寄存器用来保存一条微指令的操作控制字段部分和判别测试字段部分的信息；而微地址寄存器用来存放将要访问的下一条微指令的地址，简称微地址。

3. 地址转移逻辑

地址转移逻辑的作用是生成下一条微指令的地址。一般情况下,下一条微指令的地址是由上一条微指令中的微地址部分直接给出的。即如果微程序不出现分支,也就是上一条微指令中的判别测试字段(P字段)无效,那么下一条微指令的地址就直接由上一条微指令的微地址部分给出。当微程序出现分支,也就是上一条微指令中的P字段有效时,就意味着微程序出现了跳转。在这种情况下,下一条微指令的地址就由P字段、指令操作码和执行部件的"状态条件"等信息共同决定。地址转移逻辑的功能就是根据情况生成下一条微指令的地址,以存入微地址寄存器。

16.4.5 微程序控制器的工作过程

CPU工作的过程就是指令周期的重复过程,每个指令周期又包括取指周期和执行周期。无论是取指周期还是执行周期,都由一个或多个CPU周期组成,每个CPU周期对应一条微指令、执行一组微命令。

可以将取指周期的微指令序列作为一个微程序,也可以将执行周期的微指令序列作为一个微程序。由于所有指令从内存中取出来的步骤都一样,所以取指令的微程序是一段公用的微程序,每一条指令都使用这段微程序实现取指操作。而执行周期的微程序则根据指令功能的不同而不同,比如加法指令对应了一段实现加法操作的微程序,而减法指令对应了一段实现减法操作的微程序,以此类推。

微程序控制器的工作过程就是执行这些微程序的过程,整个过程描述如下。

(1) 计算机开机之后,自动将取指微程序的入口地址送入微地址寄存器,这个地址一般是控制存储器的0地址。同时,程序的入口地址被自动送入PC(personal computer,个人计算机)中,大多数计算机设置为内存的0地址。

(2) 执行取指操作。按照微地址寄存器中的入口地址,从控制存储器中逐条读出取指微程序中的微指令并执行,从而将PC所指的机器指令从内存中读出并存入指令寄存器中,且PC=PC+1。

(3) 地址转移逻辑使用指令寄存器中的操作码生成该指令所对应的微程序的入口地址,并送入微地址寄存器。

(4) 从控制存储器中读出该指令对应的微程序并执行。若该指令不是停机指令,则在完成指令功能后,又将取指微程序的入口地址送入微地址寄存器,回到第(2)步,继续取下一条指令。

从第(2)步到第(4)步是一条机器指令的执行过程,就这样周而复始,直到整个程序执行完为止。

微程序控制器的工作过程如图16-11所示。

其中,取指微程序在本书模型机中包括2条微指令,各指令的微程序包括1~4条微指令。

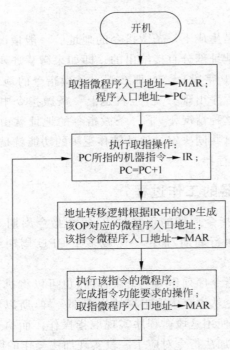

图 16-11 微程序控制器的工作过程

16.5 微程序设计技术

16.5.1 微指令的编码方式

从前面的介绍可知,一条微指令可分为操作控制部分和顺序控制部分,微操作控制部分是若干个微命令的组合,那么这些微命令是如何组合的呢?这就是微指令的编码方式。微指令的编码方式是指用操作控制字段表示微指令所包含微命令的方法,即微指令所包含微命令的编码方式,该编码方式决定了微指令形成微操作控制信号的方式,故又称为微指令的控制方式。

微指令编码的目标是根据计算机自身的特点,尽量缩短微指令长度,减少控制存储器的容量,提高微程序的执行速度,并便于微指令的修改等。为此,需要采用一系列的设计技术。

微指令的编码方式有直接编码方式、最短字长编码方式、字段直接编码方式、字段间接编码方式四种常用的方式,下面分别介绍。

1. 直接编码方式

直接编码方式又称为直接控制方式,是最简单的编码方式,本实验系统的微指令采用的就是这种编码方式。这种编码方式是将微指令操作控制字段的每一位都作为一个控制信号,即一个微命令,如图 16-12 所示。在这种形式的微指令字中,对于控制字段中的每一位,当该位为"1"时,表示这个微命令有效,为"0"时表示这个微命令无效。每个微命令控制一个微操作。

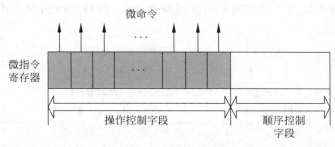

图 16-12 直接编码方式

直接编码方式简单直观,并执行性强,操作速度快,输出直接用于控制。其缺点是 N 个微命令需要 N 个相应的操作控制位,如果微命令较多时,使得微指令字长位数很多,并会直接影响控制存储器的位数。在实际计算机中,微命令数达到几百个,使得微指令字长达到难以接受的程度。同时,在同一指令系统的所有微命令中,有许多微命令是互斥的,不能同时出现,如果使用直接编码方式就会造成有效空间位不能充分利用,降低了信息效率。因此,在实际计算机中,只有某些位采用直接编码方式。

2. 最短字长编码方式

鉴于直接编码方式中如果微命令较多时会使微指令长度过长,最短字长编码方式则能使微指令长度最短。这种方式是将指令系统中所有的微命令进行统一编码,通过译码器译码把微指令的操作控制字段译码为微命令,这就使得每条微指令只能定义一个微命令,如图 16-13 所示。若微命令总数是 N,则微指令的操作控制字段的长度 L 应该满足:$L \leqslant \log_2 N$。

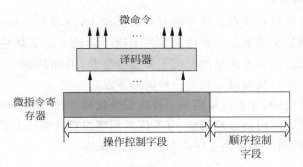

图 16-13 最短字长编码方式

最短字长编码方式可使单条微指令字长最短,但是当需要的微命令很多时,微指令系统就会非常大。这就要求控制存储器的容量需增大很多,并且用于操作控制字段译码的译码器电路就会变得越复杂,而且在某一时间内只能产生一个微命令,不能充分利用机器硬件所具有的并行性,从而使得微程序很长,且无法实现需多个微操作同时完成的组合型操作,因此这种方式很少独立使用。

3. 字段直接编码方式

字段直接编码方式是直接编码方式和最短字长编码方式的一个中和的方式。这种方式是将微指令操作控制字段先划分为若干个小字段,然后对每个小字段内的所有微命令进行统一编码。这样每小段与小段之间采用直接编码方式,而每小段内则采用最短字长编码方式,如图 16-14 所示。

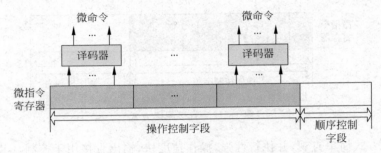

图 16-14 字段直接编码方式

字段直接编码方式中每个小字段都可以独立地定义不同的微命令。而在此种方式中字段的划分必须遵循如下原则。

(1)应该把互斥性的微命令划分在同一个小字段内,把相容性的微命令安排在不同的小字段内。

(2)小字段的划分应该与计算机的数据通路结构相适应。

(3)每个小字段中所包含的微命令个数要合适。不能太少,如果太少,分段的个数就会增加;也不能太多,如果太多会增加译码线路的复杂性和译码时间。

(4)一般可给每个小字段留出一个状态,表示该字段不发出任何微命令。例如,当字段长度为 4 位时,最多只能表示 15 个互斥的微命令,编码 0000 表示不发出任何微命令。

4. 字段间接编码方式

字段间接编码方式是在字段直接编码方式的基础上,为压缩微指令长度而得到的一种新的方式。具体的做法是当某个小字段的某些编码不能独立定义某些微命令时,就由其他字段联合编码来定义。这种方式虽然缩短了微指令字长,但却削弱了微指令的并行控制能力,因此,其常作为字段直接编码方式的一种辅助手段。

在实际计算机系统中,并不只采用某一种微指令编码方式,而是同时采用几种不同的编码方式。例如在有些位采用直接控制法,有些位采用字段直接编码方式,有些位作为常数字段,这样使得机器的控制性能得到了提高并且能降低成本。

16.5.2 微指令格式

微指令格式的设计是微程序设计的主要部分,它直接影响着微程序控制器的结构和编址,也直接影响着计算机的处理速度和控制存储器的容量。

微指令格式的设计除了要能实现计算机的整个指令集之外,还要考虑计算机内部具体的数据通路结构、控制存储器的速度以及微程序的编写等因素。不同机器的微指令格式不尽相同,但大致可以归纳为水平型微指令和垂直型微指令两大类。

1. 水平型微指令

水平型微指令是指一次能定义并执行多个微命令的微指令。水平型微指令字一般较长,计算机规模越大、速度越快的微指令字就越长,并且微指令中的微操作并行能力强,在一个微指令周期中,一次能并行执行多个微命令。水平型微指令的编码比较简单,一般采用直接编码方式和字段直接编码方式。水平型微指令一般由控制字段、判别测试字段和下地址字段三部分组成,格式如图 16-15 所示。

控制字段	判别测试字段	下地址字段

图 16-15　水平型微指令

采用水平型微指令微程序称为水平微指令程序设计。由于微指令的并行操作能力强、效率高、微程序较短,因此微程序的执行速度比较快,控制存储器的纵向容量小,灵活性强。

但是,水平型微指令由于微指令字比较长,明显地增加了控制存储器的横向容量,而且水平型微指令定义的微命令多,会使得微程序编制比较困难和复杂,不易实现设计的自动化。

2. 垂直型微指令

垂直型微指令是指在微指令中设置微操作码字段,采用微操作码编译法,由微操作码规定微指令的功能。垂直型微指令的微指令字一般较短,一般只包括 1 个或 2 个微命令,微操作并行能力有限,并且其编码方式比较复杂。垂直型微指令的结构类似于机器指令的结构,采用微操作码规定微指令的基本功能和信息传送路径,需要经过完全译码产生微命令。

垂直型微指令一般按照功能可分为寄存器-寄存器传送型微指令、主存控制型微指令、移位控制型微指令、无条件转移型微指令、条件转移型微指令和运算控制型微指令等,合起来构成一个微指令系统。

例如,寄存器-寄存器传送型微指令格式如图 16-16 所示。

微操作码	源寄存器编码	目的寄存器编码	其他

图 16-16　寄存器-寄存器传送型微指令

这条指令的意义是将数据从源寄存器传送到目的寄存器,数据可以在寄存器之间传送。例如,一条移位控制型微指令的格式如图 16-17 所示。

微操作码	源寄存器编码	目的寄存器编码	移位方式	其他

图 16-17　移位控制型微指令

这条指令的意义是将源寄存器字段的内容按照指定的移位方式进行移位,移位结果送入目的寄存器。"其他"中可以进一步定义一些细节,如每次移位的位数等。

再如一条运算操作的微指令格式如图 16-18 所示。

微操作码	源寄存器1	源寄存器2	目的寄存器	其他

图 16-18　运算操作微指令

这条指令的意义是将源寄存器 1 字段指定的寄存器中的内容与源寄存器 2 字段指定的寄存器中的内容进行微操作码指定的操作,结果存入目的寄存器字段所指定的寄存器中。

采用垂直型微指令编写的微程序称为垂直微程序。这种程序规整、直观,在进行微程序设计时只需要关注微指令的功能,不必关心微指令在数据通路上的实现细节。

但是,垂直型微指令并行操作能力不强,编制的微程序较长,要求控制存储器的纵向容量大,且执行效率较低,执行速度慢。

16.5.3 微地址的形成方式

微程序控制器的实质是通过执行一段微程序来实现一条机器指令,也就是说一条机器指令对应于一段微指令程序,而整个指令系统所对应的所有微程序都存放在控制存储器中。那么执行某条机器指令时,如何找到其对应的微程序的第一条微指令地址,以及在每条微指令执行完毕后如何形成后续微指令地址,这就是微地址的形成方式。

通常把某条机器指令所对应的微程序的第一条微指令所在控制存储单元的地址称为微程序的初始微地址,也称为微程序入口地址。在微程序的执行过程中,当前正在执行的微指令常称为现行微指令,现行微指令所在控制存储器单元的地址称为现行微地址。现行微指令执行完毕后,下一条要执行的微指令称为后续微指令,后续微指令所在控制存储器单元的地址称为后续微地址。下面分别介绍初始微地址的形成方式和后续微地址的形成方式。

1. 初始微地址的形成方式

在微程序控制器的计算机中,机器指令从主存取到指令寄存器(IR)后,就会将机器指令的操作码部分转换为该指令所对应的微程序的入口地址,即形成初始微程序地址。初始微程序地址的形成方式主要有以下三种。

1) 一级功能转移

一级功能转移是指让机器指令的操作码和与其对应的微程序入口地址码的部分位相对应。当机器指令操作码的位置与位数均固定时,可直接使用操作码作为微地址的低位。由于指令操作码是一组连续的代码组合,所形成的初始微地址是一段连续的控存单元,所以这些单元被用来存放转移地址,通过它们再转移到指令所对应的微程序。

2) 二级功能转移

二级功能转移是指首先按照指令类型标志转移,以区分出此指令属于哪一类指令,然后按照其操作码区分出具体是哪条指令,以便转移到其对应的微程序入口地址。当机器指令操作码的位数和位置不固定时,则需采用二级功能转移。

3) 使用 PLA 电路实现功能转移

使用 PLA 电路实现功能转移是指采用 PLA 电路或 MAPROM(微地址映射部件)将每条机器指令的操作码 OP 字段译码成对应的微程序入口地址,PLA 的输入是指令操作码,输出就是相应微程序入口地址。当机器指令 OP 位数、位置不固定的时候可采用这种方式,这种方式的转换速度较快,但需硬件电路的成本较高。

2. 后续微地址的形成

当找到微程序的入口地址之后,便可以开始执行相应的微程序,每条微指令执行完毕,都要根据要求形成后继微地址。后继微地址的形成和当前微指令、机器指令以及 PSW 状态条件相关,其形成方式对微程序的灵活性影响很大,下面介绍两种主要类型。

1) 增量方式(计数器方式)

增量方式也称为计数器方式,是指在顺序执行时,后续微指令的地址由当前微指令地址加上一个增量给出。这种方式和程序地址形成方式类似,将微程序中的各条微指令按执行顺序存放在控制存储器中,用微程序计数器(μPC)产生下一条微指令的地址。当微程序顺序执行时,下一条微指令的地址由 μPC 的计数值给出,需要跳转时,由专门的转移微指令给出转移地址,更新 μPC 的内容,使微程序跳转到新的微地址执行。

增量方式的特点是实现方法比较直观,微指令的顺序控制字段较短,微地址的生成机构比较简单,但它的缺点是执行速度慢。由于微程序存在大量的分支,微指令分支的概率大约是 1/3,而转移微指令的执行需要占用时间,微程序的执行速度因此受到影响。

2) 多路转移方式

一条微指令具有多个转移分支的能力称为多路转移。多路转移方式可根据 P 字段、操作码 OP 和程序状态决定下一条微指令的地址。

若微指令的判别测试标志全为"0",则表示不进行任何测试,后续微地址直接由微指令的顺序控制字段给出;若微指令的判别测试字段某一位为"1",则表示要进行某类测试,根据测试结果对顺序控制字段进行修改,然后将修改后的地址作为后续微地址,修改工作由地址转移逻辑完成。

例如,若要设计一条条件转移微指令,按运算结果为零标志(Z)的状态进行 2 路分支,可考虑如下几个步骤。

(1) 将此微指令的结果为零判别测试位设为 1,若微指令格式中没有这个判别测试位,则增加此位。

(2) 将 2 路分支的跳转目的地址分别设为只有 1 位不相同的地址,如 01100 和 01101。

(3) 将此微指令的顺序控制字段设为 01100。

(4) 设计地址转移逻辑,使得当现行微指令的结果为 0 判别测试位为 1 时,用状态条件的 Z 信号修改微地址寄存器的第 0 位,即当 Z=1 时,微地址寄存器的值改为 01101;当 Z=0 时,微地址寄存器的值为 01100。

这种方法提高了微程序的执行速度,不需要微程序计数器来指定下一条微指令的地址,能进行多路并行转移,灵活性好,执行速度快,但转移地址逻辑需要用组合逻辑方法设计。

第17章

指令系统

17.1 指令系统概述

机器指令简称指令,是计算机硬件能够直接识别与执行的命令,它的表现形式是二进制编码。指令可以指示计算机硬件完成某个基本操作,如加减运算、与或运算、数据传送等。一台计算机有几十条到几百条指令,计算机所有指令的集合称为该机的指令系统,指令系统代表了计算机硬件所能执行的所有操作,直接说明了该计算机的功能。

指令系统主要包括指令功能(即操作类型)、操作数类型、寻址方式和指令格式等内容。指令系统是面向机器和相关硬件的,不同类型 CPU 的指令系统也不尽相同,甚至相差很大,因此,往往在某种 CPU 上可以运行的机器指令程序到另一种 CPU 上却不能运行,也就是说它们的软件不兼容。新一代 CPU 的指令系统必须包含先前同系列 CPU 的指令集。只有这样,在老一代 CPU 上运行的各类程序才能不加任何修改地在新一代 CPU 上运行。

计算机的指令集就是计算机的机器语言,机器语言程序即是多条指令的有序集合。计算机硬件只能识别和执行用机器语言编写的程序。由于机器指令是二进制代码,不便于程序的编写、调试与阅读,因此通常用英文缩写(助记符)来代替指令中的二进制编码,进而形成了汇编语言。机器语言中的指令与汇编语言里的命令有一一对应的关系。汇编语言与机器语言一样是面向机器的,属于低级语言。

汇编语言和各种高级语言编写的程序,最终都要翻译成机器语言来执行。可见,计算机软件设计人员最终只能通过指令来控制计算机硬件,指令系统是计算机硬件设计人员提供给软件设计人员控制和使用计算机的工具,是软件设计人员能够使用的最底层的编程语言。实际上,凡是指令集提供了的操作或功能,都是由计算机硬件直接实现的,凡是指令集没有提供的操作和功能都需要程序员编程来实现,也就是要用软件的方法实现,因此,指令系统又被认为是计算机系统中软、硬件的分界面。

因为汇编指令与机器指令有一一对应关系,而又比机器指令易于读写和理解,所以本章多以汇编指令为例进行讲解。

17.2 指令集结构分类

指令集可以从不同的角度进行分类。按照指令系统功能的强弱,指令系统可分为复杂指令系统和精简指令系统,本节要讨论的是根据 CPU 中操作数的存储方法对指令系统进行的分类。

CPU 中操作数的存储方法,即 CPU 中用来存储操作数的存储单元的类型,是区别指令集结构的主要特征之一。CPU 中用来存储操作数的存储单元主要有堆栈、累加器、寄存器,据此指令集结构分为堆栈型指令集结构、累加器型指令集结构和通用寄存器型指令集结构,如图 17-1 所示。

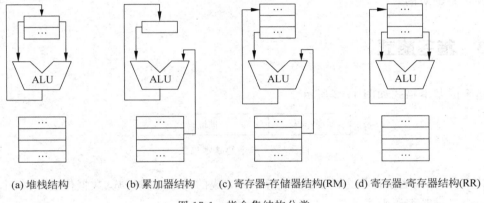

(a) 堆栈结构　　　 (b) 累加器结构　　 (c) 寄存器-存储器结构(RM)　 (d) 寄存器-寄存器结构(RR)

图 17-1　指令集结构分类

根据操作数的来源不同,通用寄存器型指令集结构又可进一步分为寄存器-存储器结构(RM 结构)和寄存器-寄存器结构(RR 结构)。对于寄存器-存储器结构,ALU 指令的操作数除存放于寄存器之外,还可来自存储器,而寄存器-寄存器结构中的操作数都必须是寄存器操作数。寄存器-寄存器结构也称为 load-store 结构,这个名称强调只有 load 指令和 store 指令能够访问存储器。

CPU 中操作数的存储方法影响着操作数在指令中的给出方式。指令的操作数可以在指令中显示给出,也可以使用约定好的存储单元隐式给出。比如堆栈结构中,ALU 指令的源操作数默认来自栈顶,运算结果也默认为压入栈顶,因此显示表示的操作数个数为 0。而在累加器结构中,一个源操作数默认来自累加器,另一个源操作数则必须在指令中明确给出,运算结果默认存入累加器,因此显示表示的操作数个数为 1。显示表示的操作数的个数将影响指令格式和指令字长。

若 A、B、C 分别表示一个存储器单元,C=A+B 表达式在这三种类型指令集结构上的实现方法如表 17-1 所示。

表 17-1　C＝A＋B 表达式在三种类型指令集结构上的实现方法

堆栈结构	累加器结构	寄存器-寄存器结构（RR）	寄存器-存储器结构（RM）
PUSH A	LOAD A	LOAD R1,A	LOAD R1,A
PUSH B	ADD B	ADD R1,B	LOAD R2,B
ADD	STORE C	STORE C,R1	ADD R3,R1,R2
POP C			STORE C,R3

　　早期的大多数机器采用堆栈型或累加器型指令集结构,从 20 世纪 80 年代以后,大多数机器采用通用寄存器型指令集结构。原因有两个方面,一方面是寄存器比存储器快;另一方面是利用寄存器存放变量和中间结果更为灵活和方便,对编译器而言,可以更加容易、有效地分配和使用寄存器。

　　需要指出的是,当前多数指令集结构均可以归结到上述三种类型中的某一种,但是这种分类并不是绝对的。

17.3　指令格式

　　指令的基本格式如图 17-2 所示。

操作码	地址码

图 17-2　指令的基本格式

　　其中,操作码表示该指令的功能,即指令要完成的操作,如加、减、数据传送等,每个操作都用一个二进制编码来表示。

　　地址码用来描述该指令的操作对象,它或者直接给出操作数,或者指出操作数在存储器中的地址或寄存器编号。地址码一般包含以下三类信息。

　　(1) 源操作数的地址,CPU 从此地址取得所需的源操作数,或者以立即数形式直接给出源操作数。

　　(2) 目的操作数的地址。对源操作数进行处理的结果保存在该地址中。

　　(3) 下一条指令的地址。当程序顺序执行时,下一条指令的地址默认由程序计数器指出,仅当改变程序的执行顺序(如转移、子程序调用和返回)时,才由指令显式给出下一条指令的地址。

17.3.1　操作码

　　设计计算机时,必须为每一条指令指定一个操作码。比如将加法指令的操作码设为001、将减法指令的操作码设为 010。指令操作码通常有固定长度和可变长度两种编码格式,其长度(二进制位数)取决于指令系统的指令条数。

　　固定长度操作码:操作码的长度固定,且集中放在指令字的一个字段中。若操作码长度为 k 位,则最多可表示 2^k 条不同指令。例如,操作码的长度为 8 位,可表示 $2^8＝256$ 条指令。这种格式有利于简化硬件设计,减少指令译码时间,多用于字长较长的大、中型计算机和超级小型机以及 RISC 中。如 IBM 370 和 VAX-Ⅱ系列机,操作码长度均固定为 8 位。

可变长度操作码：操作码的长度可变，且可以分散放在指令字的不同字段中。这种格式能有效地压缩程序中操作码的平均长度，但增加了指令译码和分析的难度，使控制器的设计复杂化，需要更多的硬件支持。

通常用的操作码扩展技术，是在指令字中用一个固定长度的字段来表示基本操作码，对于所需地址码较少的指令，可增加操作码的位数，把操作码扩充到地址字段。这样既能充分利用指令字的各个字段，又能在不增加指令长度的情况下扩展操作码的长度，使它能表示更多条指令。操作码的位数随地址数的减少而增加，如图 17-3 所示。

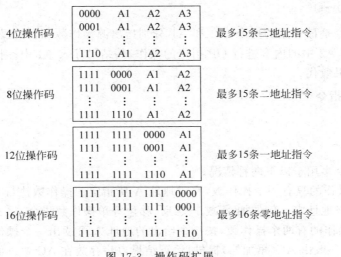

图 17-3　操作码扩展

在可变长度的指令系统设计中有一个原则，就是使用频度高的指令分配短的操作码；使用频度低的指令相应地分配较长的操作码。这样不仅可以有效地缩短操作码在程序中的平均长度，节省存储空间，而且缩短了经常使用的指令的译码时间，进而提高程序执行速度。

17.3.2　地址码

指令中的地址码字段用来确定指令的操作数，此处的"地址"可以是主存地址、CPU 寄存器编号，甚至是 I/O 设备的地址。地址码的位数决定了能够直接访问的存储空间的大小。

根据地址码中所给出的地址个数，有以下几种不同的指令格式。

1. 三地址指令

格式：

```
OP A1 A2 A3
```

操作表达式为

```
(A1) OP (A2)→A3
```

其中，OP 为操作码，A1 为第一操作数地址，A2 为第二操作数地址，A3 为操作结果的存放地址，→为把操作（运算）结果传送到指定的地方。此类指令将 A1 中的内容与 A2 中的内容进行 OP 指定的操作，其结果存入 A3 中。3 个地址都在指令中显示给出。这种指令的优点是专门给出了结果的存贮地址,操作后,两个操作数均未被破坏。其缺点是多一个目标地址,使指令码较长,多占了存储空间,因而很少用于小型、微型机中。

2. 两地址指令

格式:

OP A1 A2

操作表达式为

(A1) OP (A2)→A1

两地址指令是最常用的指令,A2 和 A1 分别指出源操作数和目的操作数。此类指令将 A1 中的内容与 A2 中的内容进行 OP 指定的操作,其结果存入 A1 中。指令执行后,目的操作数被运算结果取代。

3. 一地址指令

格式:

OP A

一地址指令多用于以下两种情况。

(1) 参与操作的只有一个操作数,在对地址 A 所指定的操作数执行 OP 规定的操作后,结果仍存回到该地址中。例如加 1、减 1、求反、移位等单操作数指令。

(2) 参与操作的有两个操作数,按指令给出的地址 A 可读出一个操作数,指令隐含约定另一个操作数,一般由 AC(累加器)提供,运算结果也将存放在 AC 中。如一些加、减、乘、除算数逻辑运算指令。

4. 零地址指令

格式:

OP

零地址指令中只有操作码,没有显式操作数。这种格式的指令一般有两种情况。

(1) 无须任何操作数。如空操作指令、停机指令等。

(2) 操作数的地址是隐式给出的。

5. 多地址指令

某些计算机设置有一些功能很强的、用于实现成批数据处理的指令。如字符串处理指令,向量、矩阵运算指令等。为了描述一批数据,指令中需要多个地址来指出数据存放的首地址、长度和下标等信息。例如 CDC STAR-100 的矩阵运算指令,其地址码部分有 7 个地址段,用于指出参加运算的两个矩阵及结果的存储情况。

零地址、一地址和两地址指令具有指令短,执行速度快,硬件实现简单等特点,常见于结构简单,字长较短的小型、微型机的指令中。而三地址和多地址指令具有功能强,便于编程等特点,常见于字长较长的大、中型机的指令中。

17.3.3 指令字长

指令字长是指一个指令字中所包含的二进制码的位数。指令字长主要取决于操作码的长度、操作数地址的长度和操作数地址的个数。指令字长通常为字节的整数倍。指令字的位数越多,所能表示的操作信息和地址信息也就越多,指令的功能也就越丰富。但是位数多所占的存储空间就多,读取指令的时间也增多,而且指令越复杂则执行时间也就越长。

一般来说,指令格式越单一,硬件实现就越容易、编译器的工作就越简单。虽然指令格式和指令字长具有多样性可以有效地降低程序的目标代码长度,但是这种多样性也可能会增加编译器和 CPU 实现的难度。

指令集编码格式可分为三种,如图 17-4 所示。

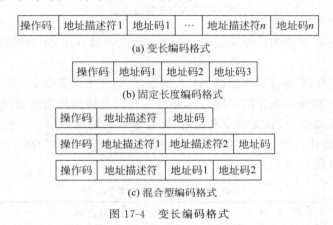

图 17-4 变长编码格式

1. 变长编码格式

在使用这种编码格式的指令系统中,不同的指令可以有不同的字长。当指令集包含多种寻址方式和操作类型时,这种编码方式可以有效减少指令集的平均指令长度,降低目标代码的长度。但是,这种编码格式也会使各条指令的字长和执行时间大不一样。多数 CISC 计算机采用了这种编码格式。

2. 固定长度编码格式

固定长度编码格式将操作类型和寻址方式组合编码在操作码中,所有指令的长度是固定唯一的。当寻址方式和操作类型非常少时,使用这种编码格式可以有效降低译码的复杂度,提高译码的速度。很多 RISC 计算机,例如 DLX、MIPS、PowerPC、SPARC 等,都采用了这种编码格式。

3. 混合型编码格式

混合型编码格式通过提供一定类型的指令字长,期望能够兼顾降低目标代码长度和降低译码复杂度两个目标。它也是一种经常被采用的编码格式。IBM 360/370 和 Intel 8086 采用了这种编码格式。

17.3.4 指令格式举例

MIPS 是一种典型的精简指令,所有指令均为 32 位,可细分为三种: R 格式(register format)、I 格式(immediate format)和 J 格式(jump format),如图 17-5 所示。

其中,Op 为操作码,Rs、Rt 为两个源寄存器,Rd 为目的寄存器,Shamt 字段为移位量,

图 17-5　MIPS 的指令格式

用于移位指令,Funct 字段为指令功能码。Imme 为立即数,Offset 为偏移量。Target 为跳转的目标地址。

　　R 格式用于寄存器-寄存器类型的 ALU 指令,包括算术运算指令、逻辑运算指令和比较指令,大多数 ALU 指令的操作码字段为 0,指令执行的具体操作由功能码字段 Funct 决定。I 格式用于加载/存储指令、分支指令和寄存器-立即数类型的 ALU 指令。J 格式用于跳转指令,跳转的目标地址为指令中的 26 位常数左移 2 位后与 PC 中的高 4 位拼接得到。三种格式的指令举例如表 17-2 所示。

表 17-2　MIPS 指令举例

助记符	指令举例						汇编代码	含　义
Bit	31..26	25..21	20..16	15..11	10..6	5..0		
R 格式	op	rs	rt	rd	shamt	func		
add	000000	00010	00011	00001	00000	100000	add $1,$2,$3	$1=$2+$3
sub	000000	00010	00011	00001	00000	100010	sub $1,$2,$3	$1=$2-$3
sra	000000	00000	00010	00001	01010	000011	sra $1,$2,10	$1=$2≫10
I 格式	op	rs	rt	immediate				
addi	001000	00010	00001	0000 0000 0000 0100			addi $1,$2,4	$1=$2+4
lw	100011	00010	00001	0000 0000 0110 0100			lw $1,100($2)	$1=memory[$2+100]
beq	000100	00010	00001	0000 0000 0000 1010			beq $1,$2,10	if($1==$2) goto PC+4+40
J 格式	op	address						
j	000010	00 0000 0000 0000 1001 1100 0100					j 10000	goto 10000
jal	000011	00 0000 0000 0000 1001 1100 0100					jal 10000	$31<-PC+4; goto 10000

17.4　寻址方式

　　指令或数据在存储器中存放的位置称为地址。寻址方式是指确定下一条指令的地址,以及本条指令操作数地址的方法。据此,寻址方式可分为两类:指令寻址方式和数据寻址方式。寻址方式与硬件结构相关,不同的计算机硬件结构不同,寻址方式也就不一样。

17.4.1　指令寻址

　　指令的寻址方式有两种,一种是顺序寻址方式,另一种是跳跃寻址方式。程序是指令的有序集合,程序一般是顺序执行的,当程序发生分支、中断或子程序调用、返回等情况时,指令的执行顺序发生跳跃变化,程序计数器 PC 的值被跳转指令强行修改,形成新的指令地址。

1. 顺序寻址方式

程序中的指令在内存中一般是按顺序存放的,当执行一段程序时,通常是一条指令接一条指令地执行。从存储器取出第一条指令,然后执行这条指令;接着从存储器取出第二条指令,再执行第二条指令……这种指令按顺序执行、通过地址递增获取下一条指令地址的方法称为指令的顺序寻址方式。

指令的顺序寻址是通过程序计数器隐式进行的,不需要在指令中表示出来。程序计数器 PC 用于记录下一条指令在存储器中的地址,每执行完一条指令,PC 值会自动递增形成下一条指令的地址。

2. 跳跃寻址方式

当指令的执行顺序发生跳跃变化时,欲跳转到的目标地址称为转移地址,形成转移地址的方法即为指令的跳跃寻址方式。指令的跳转过程需要使用专门的指令来实现,这类具有跳转功能的指令会强制修改 PC 值,然后将转移地址填入 PC 中,当 CPU 从 PC 所指地址中取出下一条指令开始执行时就实现了程序跳转。指令的跳跃寻址方式主要有直接寻址和间接寻址两种,它们与数据寻址中的直接寻址和间接寻址方式相同,具体内容将在下一小节介绍。

17.4.2 数据寻址

操作数可能在存储器的某个单元中,也可能在 CPU 的通用寄存器中,或者在指令中,在 I/O 端口中等。指令的地址码字段给出的往往不是操作数的直接地址,而是与其地址有关的一些信息,称为形式地址,记为 A。形式地址还要经过一系列的计算、变换才能得到存放操作数的实际地址,称为有效地址,记为 EA。形成操作数有效地址的方法就是数据寻址方式。数据寻址方式规定了如何对指令中的地址码部分做出解释以找到操作数。

下面介绍一些常见的寻址方式,其中一些基本方式还可以组合成更复杂的寻址方式。

1. 立即寻址方式

指令的地址字段给出的不是操作数的地址,而是操作数本身,这种寻址方式称为立即寻址,给出的操作数则为立即数。立即寻址方式的特点是操作数包含在指令字中,读取指令的同时即可获得操作数,这样做减少了访问存储器的次数,提高了指令的执行速度,但指令地址码的长度限制了立即数的取值范围。

例如,Intel 8086 指令:

```
MOV AX,18; 将立即数 18 送入寄存器 AX
ADD AX,0014H; 将寄存器 AX 中的数值加上立即数 14H,结果存入 AX
```

2. 直接寻址方式

指令的地址码部分直接给出操作数在主存的地址,即 EA＝A,这种方式称为直接寻址方式,如图 17-6 所示。

直接寻址方式简单、直观,也便于硬件实现,但地址码的位数决定了操作数的寻址范围,随着计算机的存储容量不断扩大,所需的地址码越来越长,势必造成指令的长度加长。

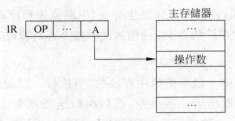

图 17-6　直接寻址方式

3. 间接寻址方式

指令地址码给出的是操作数地址的指示器,CPU 执行指令时,会先根据这个指示器找到操作数的地址,再用这个地址找到操作数,这种方式称为间接寻址,如图 17-7 所示。

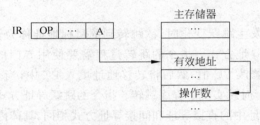

图 17-7　间接寻址方式(一次间接)

间接寻址分为一次间接和多次间接。一次间接是指地址码给出的是操作数地址的地址,访问两次存储器即可取得操作数,先读取操作数的地址,再读取操作数,即 EA=(A)。二次间接是指地址码给出的是操作数地址的地址的地址,二次及二次以上间接就称为多次间接。多数计算机只允许有一次间接。

间接寻址可用指令中较短的地址访问大的存储空间,扩大了寻址范围。但间接寻址方式至少要访问两次内存才能取得操作数,指令执行速度较慢。

4. 寄存器寻址

现代计算机中都设置有一定数量的通用寄存器,若操作数存放在某通用寄存器中,指令地址码给出的是该寄存器的编号,则称为寄存器寻址。由于通用寄存器的数目较少,一般只有几个到几十个,因而所用地址码很短;而且从通用寄存器中存取数据比从存储器中快很多,所以这种寻址方式可以缩短指令字长,提高指令的执行速度,被现代计算机广泛采用。

例如,Intel 8086 指令:

MOV DX,AX; 将寄存器 AX 中的内容传送到寄存器 DX 中,AX 中的内容不变
ADD AX,BX; 将寄存器 AX 中的内容与 BX 中的内容相加,运算结果存入 AX 中

5. 寄存器间接寻址

指令地址码中给出的是寄存器编号,此寄存器中存放的是操作数地址,这种寻址方式称为寄存器间接寻址。

例如,ARM9 指令:

STR R0,[R1]; 寄存器 R1 中存放的是操作数的地址,将 R1 所指存储单元的内容存入寄存器 R0 中

LDR R0,[R2];寄存器 R2 中存放的是操作数的地址,将寄存器 R0 的内容存入 R2 所指存储单元中

在寄存器寻址方式中,寄存器的内容为操作数;而在寄存器间接寻址方式中,寄存器的内容为操作数的地址,显然这种寻址方式的操作数在内存中而不在寄存器中。.与间接寻址方式相比,寄存器间接寻址方式无须从存储器读出操作数地址,访存次数较少,而寄存器又能给出全字长的地址码,因此具有寻址范围较大的优点。

6. 隐含寻址

指令的某个操作数或操作数的地址隐含在某个通用寄存器或者指定的存储单元中,而不在指令字中显式给出,这种寻址方式称为隐含寻址,隐含寻址方式可缩短指令长度。

一些算术运算指令把一个操作数隐含在累加器中,在指令中只给出一个操作数地址。例如,Intel 8086 指令:

MUL BL;寄存器 BL 中为乘数,被乘数在累加器 AX 中,运算结果存入累加器 AX

说明: 在 Intel 8086 中,AX 除具备普通数据寄存器的功能外,在乘、除法操作时还作为累加器使用。

7. 基址寻址

基址寻址方式设有基址寄存器,基址寄存器的内容称为基地址,指令中的形式地址给出操作数的存储地址与基地址之间的距离(即偏移量)。操作数的有效地址等于基址寄存器 BR 的内容与形式地址之和,即 $EA=(BR)+A$。

基址寄存器在指令中可采用隐式和显式两种。有的计算机设有专门的基址寄存器,指令中的基址寄存器默认为此寄存器,因此在指令中可不再指明。有的计算机可任选多个通用寄存器中的一个作为基址寄存器,此时,必须在指令中显示给出哪个寄存器用作基址寄存器。

例如,ARM9 指令:

LDR R0,[R1,♯4];将基址寄存器 R1 的内容加上 4 作为操作数的地址,将此地址中的内容存入寄存器
R0 中

这种寻址方式的优点是当指令地址码字段长度不够表示存储器的所有单元时,可将基址寄存器的位数设为足够长,即可扩大寻址范围、实现全空间访问。例如,Intel 8086 CPU 将内存空间分为若干个段,基址寄存器存放某段的首地址,形式地址给出段内偏移量,操作数地址由段地址寄存器左移 4 位再与段内偏移地址相加形成。只要修改基址寄存器的内容和形式地址,便能访问主存的任一单元。Intel 8086 CPU 中有一个 DS 寄存器,一般作为数据段的段地址,以下三条指令可以将 10002H 存储单元的内容读到 AL 寄存器中。

```
MOV BX,1000H
MOV DS,BX
MOV AL,[2]
```

此外,基址寻址方式可以实现程序块的浮动。可用于将程序员编程时所用的逻辑地址转化为程序在主存中实际存放的物理地址。程序员编程时使用逻辑地址,无须考虑程序在主存的实际存放位置,逻辑地址是相对于某个基地址的相对地址,与绝对的物理地址无关。程序运行时,将程序存放到某段内存区域中,并将此区域的首地址赋值给基址寄存器,从而

实现逻辑地址到物理地址的转换。代码段在内存中的位置可根据内存的实际使用情况来确定。

8. 变址寻址

变址寻址是将形式地址和变址寄存器 IX 的内容相加得到操作数的有效地址,即 EA＝A＋(IX)。变址寻址与基址寻址方式非常相似,基址寻址中是寄存器提供基准地址、指令中的形式地址提供偏移量,而变址寻址则是形式地址提供基准量、寄存器提供偏移量。

利用变址寻址可以使地址值按某种规律进行变化,在需要连续修改操作数地址时非常有用,如字符串、数组、向量等成批数据的处理。例如,一个字符串存储在以 A 为首地址的连续存储单元中,由指令的形式地址提供首地址 A,用变址寄存器提供字符下标(即偏移量),若每次访问完一个字符后就让变址寄存器的内容递增 1,然后再访问下一个字符,即可遍历该字符串的所有字符。有的机器有自动变址功能,如 VAX-11、ARM 和 Intel 8086 等就设置有专门的自增、自减型寻址指令,每执行一次操作就根据该数据的长度(字节数)使变址寄存器的内容自动递增或递减,以形成下次操作的地址。

9. 相对寻址

程序计数器 PC 的值与指令字中的形式地址相加形成操作数的有效地址,称为相对寻址。形式地址的值可正可负,因此相对寻址方式的有效地址是以程序计数器 PC 的当前内容作为基准正向或负向浮动一个形式地址的位置。相对寻址常被用于转移类指令。

例如,ARM9 指令:

```
    B Label; 跳转到标号 Label 处执行
    ...
Label ...
    ...
```

实际上,在指令 B Label 中,Label 的实际值是指令 B Label 到标号 Label 之间的距离。在相对寻址中,转移地址不是绝对的,而是相对于指令的实际地址,随程序装入的位置而变化。无论程序装入存储器的什么位置,只要这个相对距离不变,程序就能正确跳转和访问操作数。相对寻址方式为软件实现浮动提供了支持。

10. 扩展变址寻址

扩展变址方式是把变址和间址两种寻址方式结合起来的一种复合寻址方式,按照先变址还是先间址,可分为以下两种形式。

1) 前变址方式(即先变址后间址)

先进行变址运算,将形式地址与变址寄存器的内容相加,其运算结果为间接地址,间接地址所指单元的内容才是有效地址,表示为 EA＝[A＋(Rx)]。

2) 后变址方式(即先间址后变址)

将指令中的地址码先进行一次间接寻址,取得地址码所指单元的内容,再将此内容与变址寄存器的值相加,得到一个有效地址,表示为 EA＝(A)＋(Rx)。

11. 堆栈寻址

堆栈(stack)是一种特殊的线性数据结构,它是一个数据序列,其元素按"后进先出(last in first out)"的原则进行存取。在计算机中,堆栈既可以用寄存器组来实现,也可以用一部分主存空间来实现。

有些计算机的 CPU 内部用一组专门的寄存器构成寄存器堆栈,称为硬堆栈或串联堆栈。这种堆栈的栈顶是固定的,寄存器组中各寄存器一一相连,它们之间有自动推移的功能,即可将一个寄存器的内容推移到相邻的另一个寄存器中。执行进栈操作时,进栈元素压入栈顶寄存器,同时原栈顶元素及其他所有寄存器的内容依次向下推移一个位置。执行出栈操作时,各寄存器的内容逐个向上移动,栈顶寄存器的内容被弹出。这种堆栈与子弹夹的弹仓很相似,由于栈顶的位置固定,故无须使用栈顶指针。硬堆栈的优点是操作速度快,但成本较高,不适合做大容量的堆栈。

更常用的方法是在内存中开辟一块存储区域作为堆栈,这种堆栈称为软堆栈或存储器堆栈。软堆栈的位置和容量都可由程序员设定,其容量可以按需要设得很大。软堆栈与硬堆栈不同,其栈底的位置是固定不变的,而栈顶则随着数据的入栈和出栈不断变化。由于栈顶是浮动的,软堆栈通常用一个寄存器记录栈顶的位置,该寄存器称为堆栈指示器或堆栈指针 SP(stack pointer),SP 总是指向栈顶。当堆栈中没有元素时,称为空栈,此时 SP 指向栈底。存储器堆栈又可分为以下两种。

1) 递减堆栈

递减堆栈从高地址向低地址扩展,栈底地址总是大于或等于栈顶地址。执行进栈操作时,栈顶指针 SP 先自动减 1,然后数据被压入堆栈;出栈时,栈顶元素被取出,然后 SP 自动加 1。

2) 递增堆栈

与递减堆栈相反,递增堆栈是从低地址向高地址扩展,栈顶地址总是大于或等于栈底地址。进栈时,先令 SP 的值加 1,然后再压入数据;出栈时,先将栈顶数据弹出,然后再让 SP 减 1。

另外,若堆栈的栈顶指针总是指向最后一个入栈的元素,这种堆栈称为满堆栈,而当栈顶指针总是指向下一个将要放入数据的空位置,则称为空堆栈。

例如,ARM9 指令:

STMFD SP!, {R0,R4~R7}; 将寄存器 R0、R4、R5、R6、R7 的内容依次压入满递减堆栈

在一般的计算机中,堆栈主要用于暂存中断和子程序调用时的返回地址、状态标志及现场信息,也可用于子程序调用时参数的传递。在堆栈型结构的计算机中(如 HP3000),堆栈是用来提供操作数和保存运算结果的主要存储区。

17.5 CISC 与 RISC 技术

一套指令集到底要包括哪些指令,实现哪些操作是指令集的功能设计问题。指令集的功能设计有两种截然不同的方向,一种是加强指令集功能,实现软件功能向硬件功能转移;另一种是简化指令集功能,降低指令集结构和硬件设计的复杂性。后者是目前指令集功能设计的主要趋势。

早期的计算机由于受元器件、制造工艺等的限制,硬件结构比较简单,所支持的指令条数少,指令系统功能弱,计算机的性能也较差。20 世纪 60 年代,随着集成电路的出现和计

算机应用领域的扩大,硬件成本不断下降,软件成本不断上升,促使人们在指令系统中增加更多、更复杂的指令,以适应不同应用的需要,降低软件复杂度。系列机问世之后,为了实现软件兼容,让运行在老机型上的各种软件不加修改便能在新机型上运行,新机型必须包含老机型的全部指令。此外,新机型还要增加若干新的指令,从而导致同一系列计算机的指令系统越来越复杂,机器结构也越来越复杂,大多数计算机的指令多到几百条。例如 DEC 公司的 VAX-11/780 有 303 条指令,16 种寻址方式。这类计算机称为复杂指令系统计算机(complex instruction set computer,CISC)。

到 20 世纪 70 年代后期,人们感到日趋庞杂的指令系统不仅不易实现,而且还有可能降低系统的效率。1979 年,以 Patterson 为首的一批科学家对指令集结构的合理性进行了深入研究,研究结果表明,CISC 结构存在着如下问题。

(1) 在 CISC 结构的指令系统中,各种指令的使用频率相差悬殊。据统计,有 20% 的指令使用频率最大,占运行时间的 80%。也就是说,有 80% 的指令在 20% 的运行时间内才会用到。实际上,在许多机器中,经常执行的操作都是其指令集结构中一些简单的操作。

(2) CISC 结构指令系统的复杂性带来了计算机体系结构的复杂性,这不仅增加了研制时间和成本,而且还容易造成设计错误。

(3) CISC 结构指令系统的复杂性给超大规模集成电路(VLSI)设计增加了很大负担,不利于单片集成。

(4) CISC 结构的指令系统中,许多复杂指令需要很复杂的操作,因而运行速度慢。

(5) 在 CISC 结构的指令系统中,由于各条指令的功能不均衡,不利于采用先进的计算机体系结构技术(如流水技术)来提高系统的性能。

1975 年,IBM 公司的 JohnCocke 提出了精简指令系统的想法,后来出现了各种各样的精简指令系统计算机(reduced instruction set computer,RISC)。RISC 计算机的指令系统只包含那些使用频率很高的指令和一些必要指令,复杂指令的功能则用软件的方法由简单指令的组合来实现。因此,RISC 计算机的指令条数较少,比如 RISC Ⅱ 和 IBM RT 的指令条数分别为 39 条和 118 条。

进行 RISC 计算机指令集的功能设计时,不能简单地着眼于精简指令上,更重要的是克服 CISC 结构的缺点,使计算机的硬件结构变得简单合理,减少指令的执行周期数,提高运算速度。RISC 计算机一般具有如下特点。

(1) 选取使用频率较高的简单指令以及一些很有用但不复杂的指令。

(2) 指令长度固定,指令格式种类少,寻址方式种类少。

(3) 采用流水线技术,大部分指令在一个机器周期内完成。

(4) CPU 中有多个通用寄存器。

(5) 只有 Load 和 Store 操作指令才能访问存储器,其他指令操作均在寄存器间进行。

(6) 控制器采用组合逻辑控制,不用微程序控制。

(7) 采用优化的编译程序。

需要注意的是,现实中 RISC 机和 CISC 机之间的界限并不那么明确,如 Intel 的 8086 系列机属于典型的 CISC 计算机,但在 20 世纪 90 年代后期设计的 x86 架构处理器中已开始使用部分 RISC 技术。

参 考 文 献

[1] 白中英,戴志涛,周锋,等.计算机组成原理[M].4 版.北京：科学出版社,2008.

[2] 白中英.计算机组成原理[M].北京：科学出版社,1994.

[3] 蒋本珊.电子计算机组成原理(修订版)[M].北京：北京理工大学出版社,1999.

[4] 唐朔飞.计算机组成原理[M].北京：高等教育出版社,2000.

[5] 张晨曦,王志英,沈立,等.计算机系统结构教程[M].北京：清华大学出版社,2009.

[6] 李文兵.计算机组成原理[M].4 版.北京：清华大学出版社,2010.

常用数字功能器件

A.1　总线收发器 74LS245

74LS245 是三态输出的八总线收发器,采用 20 根引线封装,如图 A-1 所示。

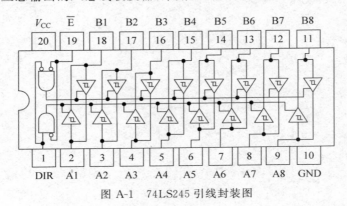

图 A-1　74LS245 引线封装图

74LS245 可以将数据从 A 总线发送到 B 总线,也可以将数据从 B 总线发送到 A 总线,其具体传送方向由输入方向控制引脚(DIR)决定。使能输入引脚($\overline{\text{E}}$)用于禁止或使能数据传输,当此引脚为低电平时,总线连通;当此引脚为高电平时,总线断开。74LS245 的逻辑功能如表 A-1 所示。

表 A-1　74LS245 真值表

输　　入		输　　出
$\overline{\text{E}}$	DIR	
L	L	B 总线数据发送到 A 总线
L	H	A 总线数据发送到 B 总线
H	×	隔开

注意:H 为高电平,L 为低电平,×为任意状态。

A.2 寄存器

1. 带清除端的 D 型触发器 74LS273、74LS174、74LS175

带清除端的 D 型触发器 74LS273、74LS174、74LS175 分别为 8D、6D、4D 型,其功能特性相似,下面以 74LS273 为例进行说明。74LS273 的逻辑电路如图 A-2 所示。

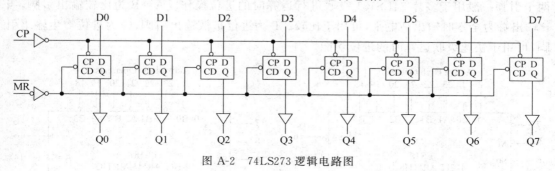

图 A-2　74LS273 逻辑电路图

在时钟脉冲的正沿,D 输入端信号被送到 Q 端输出。当时钟输入为高电平或低电平时,D 输入端的信号不影响输出。清除引脚($\overline{\text{MR}}$)为低电平时,Q 端被清零。74LS273 的逻辑功能如表 A-2 所示。

表 A-2　74LS273 真值表

$\overline{\text{MR}}$	CP	Dx	Qx
L	×	×	L
H	↑	H	H
H	↑	L	L
H	L	×	Q0(保持)

2. 边沿触发的 8D 寄存器 74LS374

74LS374 的特点是三态总线驱动输出,由于有高阻抗第三态,因此可以直接与系统总线相连接,而不需要接口电路,因此这种电路特别适用于缓冲寄存器、I/O 通道等。

74LS374 是上升沿触发的 D 型触发器,在时钟正跳变时,D 输入端的信号输出到 Q 端。$\overline{\text{OE}}$ 为输出使能引脚,低电平时输出有效,高电平时输出端为高阻态。74LS374 的逻辑功能如表 A-3 所示。

表 A-3　74LS374 真值表

$\overline{\text{OE}}$	CP	Dx	Qx
H	×	×	Z(高阻态)
L	↑	H	H
L	↑	L	L
L	L	×	Q0

A.3 算术逻辑单元 74LS181

74LS181 是 4 位算术逻辑单元,能进行 2 个变量或 1 个变量的算术逻辑操作。74LS181

的逻辑符号如图 A-3 所示。

　　74LS181 芯片总共有 22 个引脚,其中包括 8 个数据输入引脚(A0~A3,B0~B3),对应两个四位的操作数。S0~S3 四个引脚为功能选择输入引脚,用于确定要进行的运算,例如加、减、与、或等。M 为模式控制输入引脚,用于选择运算类型,运算类型有算术运算和逻辑运算两种。F0~F3 为运算结果输出引脚。C_n 为进位输入引脚,C_{n+4} 为进位输出引脚,这两个引脚一般用于多片 74LS181 级联进行运算时的进位操作。A=B 为比较输出引脚,当 F 输出端为全零时输出高电平,可用于比较。P 为进位扩散输出引脚,G 为进位产生输出引脚,可用于快速级联运算时的进位功能。

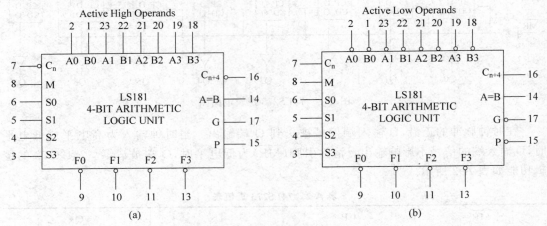

图 A-3　74LS181 逻辑符号

　　74LS181 芯片可进行的算术运算、逻辑运算及相应的引脚设置见表 A-4 所示。

表 A-4　74LS181 运算器功能表

工作模式选择 S3 S2 S1 S0	Active High Operands		Active Low Operands	
	算术运算(M=0) (C_n=1 无进位)	逻辑运算(M=1)	算术运算(M=0) (C_n=1 无进位)	逻辑运算(M=1)
0 0 0 0	A	$\overline{A}$	A minus 1	$\overline{A}$
0 0 0 1	A+B	$\overline{A+B}$	AB minus 1	$\overline{AB}$
0 0 1 0	A+$\overline{B}$	$\overline{A}B$	A$\overline{B}$ minus 1	$\overline{A}+B$
0 0 1 1	0 minus 1	Logical 0	0 minus 1	Logical 1
0 1 0 0	A plus A$\overline{B}$	$\overline{AB}$	A plus (A+$\overline{B}$)	$\overline{A}+B$
0 1 0 1	(A+B) plus A$\overline{B}$	$\overline{B}$	AB plus (A+$\overline{B}$)	$\overline{B}$
0 1 1 0	A minus B minus 1	A⊕B	A minus B minus 1	$\overline{A⊕B}$
0 1 1 1	A$\overline{B}$ minus 1	A$\overline{B}$	A+$\overline{B}$	A+$\overline{B}$
1 0 0 0	A plus AB	$\overline{A}+B$	A plus (A+B)	$\overline{AB}$
1 0 0 1	A plus B	$\overline{A⊕B}$	A plus B	A⊕B
1 0 1 0	(A+$\overline{B}$) plus AB	B	A$\overline{B}$ plus (A+B)	B
1 0 1 1	AB minus 1	AB	A+B	A+B

续表

工作模式选择 S3 S2 S1 S0	Active High Operands		Active Low Operands	
	算术运算（M=0） （C_n=1 无进位）	逻辑运算（M=1）	算术运算（M=0） （C_n=1 无进位）	逻辑运算（M=1）
1 1 0 0	A plus A	Logical 1	A plus A	Logical 0
1 1 0 1	(A+B) plus A	$A+\overline{B}$	AB plus A	$A\overline{B}$
1 1 1 0	(A+$\overline{B}$) plus A	A+B	$A\overline{B}$ plus A	AB
1 1 1 1	A minus 1	A	A	A

注意：A 和 B 分别表示参与运算的两个数，+表示逻辑或，plus 表示算术求和。

A.4 静态 RAM 6116 芯片

图 A-4 6116 芯片引脚定义

6116 芯片静态 RAM 存储容量为 2048×8 位，引脚定义如图 A-4 所示。

地址输入端 A0～A10 用于输入要读写存储单元的地址。I/O0～I/O7 是数据输入/输出引脚。$\overline{CE}$ 为片选信号，当 $\overline{CE}$=0 时，RAM 被选中，可以进行读写操作；当 $\overline{CE}$=1 时，RAM 未被选中，不能进行读写操作。$\overline{OE}$ 为读命令控制端，$\overline{WE}$ 为写命令控制端，读写控制方式如表 A-5 所示。

表 A-5 6116 芯片真值表

模式	$\overline{CE}$	$\overline{OE}$	$\overline{WE}$	I/O
未选中	H	×	×	Z
读	L	L	H	数据输出（读）
读	L	H	H	Z
写	L	×	L	数据输入（写）

A.5 计数器 74LS163

74LS163 是同步可预置 4 位二进制计数器，由四个 D 型触发器和若干门电路构成，内部有超前进位，具有计数、置数、禁止、同步清零等功能。74LS163 的引脚定义如图 A-5 所示。

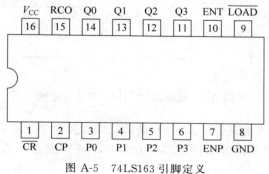

图 A-5 74LS163 引脚定义

74LS163 是可编程的,使用置数功能可将输出预置到任何数值。使用同步清零功能可将计数输出置为 0000。74LS163 的工作模式选择方法如表 A-6 所示。

表 A-6　74LS163 工作模式选择表

输　　　入					工作模式
清零	置数	使　　能		时钟	
$\overline{CR}$	$\overline{LOAD}$	ENT	ENP	CP	
L	X	X	X	↑	清零
H	L	X	X	↑	置数
H	H	H	H	↑	计数
H	H	L	X	X	保持(不变)
H	H	X	L	X	保持(不变)

74LS163 的清除、置数、计数和禁止时序图如图 A-6 所示,图中预置的是 12。

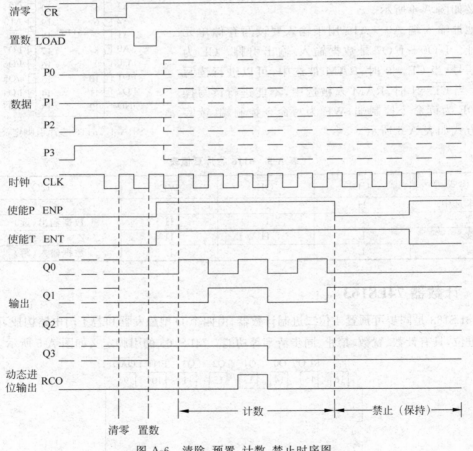

图 A-6　清除、预置、计数、禁止时序图

图 A-6 中,RCO 引脚为进位输出引脚,借助此引脚及两个使能输入引脚,可级联多个计数器芯片,实现 8 位或更多位数的计数器。方法是将低四位芯片的 RCO 输出端接到高四

位芯片的两个使能输入端。

A.6 EPROM2716

EPROM2716 为可擦除可编程 ROM,其存储容量为 2048×8 位,共有 24 个引脚,引脚定义如图 A-7 所示。

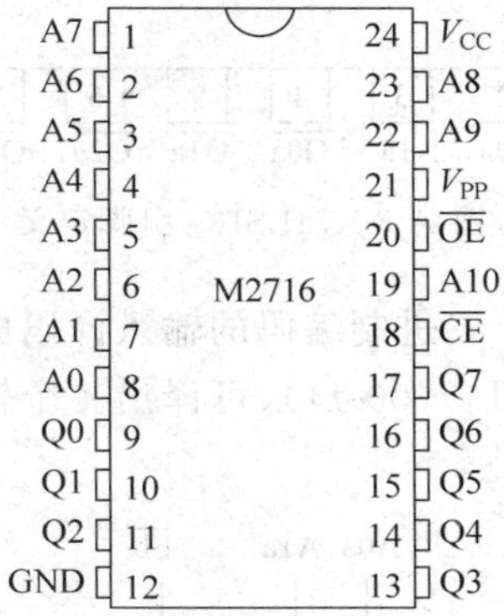

图 A-7 中,A0～A10 为地址信号输入引脚,可寻址 2K 个存储单元,Q0～Q7 为双向数据信号输入/输出引脚。$\overline{CE}$ 为片选信号,低电平有效,当 $\overline{CE}=0$ 时,芯片被选中,可以进行读写操作;当 $\overline{CE}=1$ 时,芯片未被选中,不能进行读写操作。$\overline{OE}$ 为读数据允许输入引脚,为低电平时进行读操作。V_{PP} 为 25V 编程电压输入引脚,用于写操作。EPROM2716 的读写工作模式如表 A-7 所示。

表 A-7 EPROM 2716 工作模式

模 式	$\overline{CE}$	$\overline{OE}$	V_{PP}	Q0～Q7
读	L	L	V_{CC}	数据输出(读)
编程	↑	H	V_{PP}	数据输入(写)
校验	L	L	V_{PP} 或 V_{CC}	数据输出(读)
编程禁止	L	H	V_{PP}	Z
取消选定	×	H	V_{CC}	Z
备用	H	×	V_{CC}	Z

本书虚拟实验平台实验设备中的 EPROM2716C3 和 EPROM2716C4 芯片是虚拟组件,为了实验电路的简洁,将三片 EPROM2716 进行位扩展组成了 EPROM2716C3,将四片 EPROM2716 进行位扩展组成了 EPROM2716C4。

A.7 译码器 74LS139

74LS139 为双 2∶4 线译码器,此芯片中有两个独立的 2∶4 线译码器,有一个使能输入端,其引脚定义如图 A-8 所示。

图 A-8 中,两个独立的译码器分别用 a 和 b 标识,A0 和 A1 为编码输入端,E 为使能输入端,O0～O3 为译码输出端。

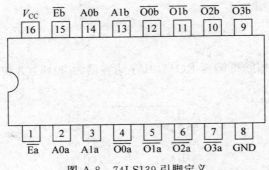

图 A-8　74LS139 引脚定义

每个 2：4 线译码器能将两个二进制编码的输入译码成 4 个相互独立的输出之一,两个输入端 A0 和 A1 共有 4 种状态组合(00-11),可译出 4 个输出信号 O0~O3,其逻辑电路如图 A-9 所示。

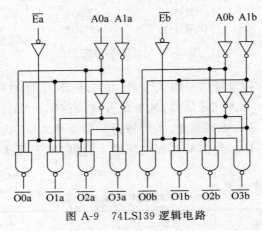

图 A-9　74LS139 逻辑电路

74LS139 的真值表如表 A-8 所示。

表 A-8　74LS139 真值表

输　　入			输　　出			
$\overline{E}$	A0	A1	$\overline{O0}$	$\overline{O1}$	$\overline{O2}$	$\overline{O3}$
H	×	×	H	H	H	H
L	L	L	L	H	H	H
L	H	L	H	L	H	H
L	L	H	H	H	L	H
L	H	H	H	H	H	L

附录B

实验系统源程序简介

B.1 技术路线

多思计算机组成原理虚拟实验系统是一种基于浏览器客户端技术的网络教学软件,采用浏览器客户端技术,1.0 版本使用 JavaScript+jQuery+jQueryUI+CSS+VML 编程实现。为兼容更多的浏览器,1.1 版本使用 SVG 技术替换了 VML 技术,下面将以 1.1 版本为例介绍本系统。

系统使用 JavaScript 开发组件库,利用 CSS 绘制芯片等组件,采用 SVG 绘制组件间的连接线,用 HTML5 File API 实现电路文件的导入与导出。使用基于队列的单线程组件调度算法,解决众多组件之间信息传递和调度运行的问题。系统从功能上对组件进行仿真,支持电路设计,可进行复杂模型机等设计性实验。

目前,实现网络虚拟实验室的技术主要有 Java、Flash、VRML 等,与基于这些技术的虚拟实验系统相比,本系统结构简单,无须安装插件,既能以 B/S 模式运行,也可不加修改直接以单机方式运行,能够非常方便地整合到其他网络综合实验平台中。

B.2 系统架构

系统架构如图 B-1 所示。客户端通过浏览器向 Web 服务器提出页面请求,Web 服务器响应请求,找到所请求的页面,并将此页面及其引用的 JavaScript 脚本代码和 CSS 样式表作为响应内容,发送回客户端,客户端浏览器打开发回的页面文件、解释并执行 JavaScript 代码。

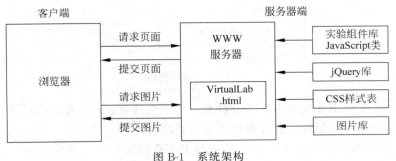

图 B-1　系统架构

客户端承担了仿真实验室运行的全部任务,包括操作界面的显示、电路的连接与绘制、电路的运行等。由于 JavaScript 脚本是由客户端解释执行,不占用服务器资源,因此大大减轻了服务器的压力,提高了页面的反应速度。

B.3 系统主要模块

系统主要包括组件库、电路绘制、组件调度、文件操作。

组件库是实验组件的类库,包括了所有功能器件的类函数,描述了每个器件的大小、引脚个数和名称等属性,实现了器件的功能函数。组件库供电路绘制、组件调度等模块调用。

电路绘制模块的功能是在工作区绘制芯片、门电路等组件以及组件间的连接线。当用户从实验设备工具箱中拖出组件、在组件间拉线,或导入电路文件时,系统会自动调用电路绘制模块画出相应的器件和线。

组件调度模块是所有组件的运行调度中心,负责调度和控制组件的工作顺序,在组件之间传递信息,控制信息的流动,最终得到电路运行结果。

文件操作模块主要提供实验电路的新建、导入和导出等功能。

B.4 源程序目录结构

源程序的目录结构如图 B-2 所示。

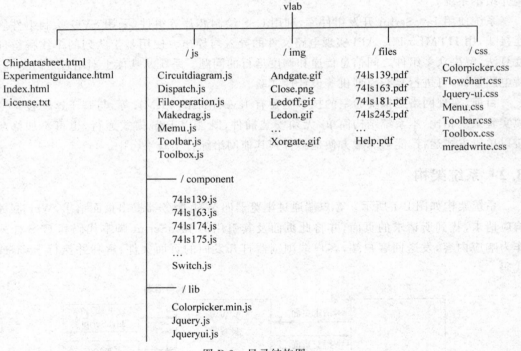

图 B-2　目录结构图

源程序文件夹 vlab 中一共有 4 个文件和 4 个子文件夹。4 个文件说明如下。

(1) Chipdatasheet.html:芯片数据手册下载网页。

(2) Experimentguidance.html:实验指导书下载网页。

（3）Index. html：网站首页,系统主界面。

（4）License. txt：版权许可说明。

4 个子文件夹分别为 js、img、files、css。其中,js 文件夹存放程序代码,img 文件夹存放图片,files 文件夹存放数据手册等下载资料,css 文件夹存放样式表。

js 文件夹是最重要的文件夹,所有 JavaScript 代码都存放在这个文件夹中,包括 7 个文件和 2 个子文件夹,7 个文件说明如下。

（1）Circuitdiagram. js：电路图绘制代码文件,包括组件和连接线的绘制、移动、删除、事件处理等函数代码。

（2）Dispatch. js：组件调度代码文件。

（3）Fileoperation. js：文件操作代码文件,包括电路图文件的导入、导出等函数。

（4）Makedrag. js：拖动代码文件,包含了使对象能够被拖动的函数。

（5）Memu. js：菜单代码文件,包含了菜单初始化的相关代码。

（6）Toolbar. js：工具栏代码文件,包含了工具栏初始化的相关代码。

（7）Toolbox. js：工具箱代码文件,包含了工具箱初始化的相关代码。

2 个文件夹分别为 component 和 lib,component 文件夹是组件仓库,里面存放了所有器件的类代码,每种器件对应一个文件;lib 文件夹存放的是 jQuery 等 JavaScript 库文件。

以上文件夹和文件共同组成了源程序的整个目录结构,是源程序的全部内容。

B. 5　系统的设计与实现

1）组件建模

电路建模具有层次性,根据层次的不同可将元件模型分为晶体管级和行为级。行为级模型是根据元件的传递函数或者输入/输出特性来构造模型,优点是在较少牺牲精度的前提下降低了实现难度,同时保证模型实用性。本系统采用了基于行为级模型的建模方式。

实验组件可分为三种：源器件、中间器件和终端器件。源器件产生驱动整个电路运行的源数据,包括开关、单脉冲、连续脉冲等。中间器件接收输入信号,经处理后输出结果信号,包括 ALU 芯片、RAM 芯片、门电路等。终端器件用于显示结果,只有输入引脚没有输出引脚,如小灯。

组件库设计的主要内容是组件类的设计和定义,类定义必需满足组件的绘制、运行与调度功能需要,为组件的绘制、运行与调度提供所有必须的属性和方法;源器件产生源数据的方法,主要是开关和脉冲的实现方法。

组件库由所有实验组件的 JavaScript 类组成,组件类描述组件的外形属性、电气属性和功能方法。例如,ALU 芯片 74LS181 的属性和方法定义如下。

```
function Compo74LS181(){
    this.id;              //芯片唯一编号
    this.name;            //芯片名称
    this.width;           //芯片宽度
    this.height;          //芯片高度
    this.paddingLR;       //芯片左右边距
    this.pinName;         //每个引脚的名称
    this.pinWidth;        //引脚宽度
```

```
    this.pinHeight;        //引脚高度
    this.pinPosition;      //每个引脚在芯片上的坐标
    this.pinFunction;      /*每个引脚的类型  0:输入 10:必要输入 1:输出 2:地 3:电源*/
    this.pinValue;         /*每个引脚的值 0:低电平 1:高电平 2:悬空*/
    this.connection;       //引脚之间的连接线
}
;
/*判断目前芯片是否已达到运算条件*/
Compo74LS181.prototype.beReady = function (){
    for(vari= 0;i< this.pinFunction.length;i+ + ) {
        if (this.pinFunction[i] = = 10 && this.pinValue[i] = = 2) {
            return false;
        }
    };
    return true;
};
/*设置输入引脚的值,并判断芯片是否已达到运行条件*/
Compo74LS181.prototype.input= function(pinNo,value){
    if (value = = this.pinValue [pinNo]) return false;
    this.pinValue[pinNo] = Number(value);
    returnthis.beReady();
};
/*按照芯片功能,由输入引脚的值计算输出引脚的值*/
Compo74LS181.prototype.work = function () {...};
```

开关组件有开、关两种状态,对应输出 0 和 1 两种电平信号。电源按下时,系统会自动搜寻到所有的开关组件,并按照开关状态向外输出电平信号。在实验运行过程中,用户可以通过单击开关组件使其闭合或打开,浏览器捕捉到鼠标单击事件后自动调用源器件响应函数,实现输出电平的转换和开关图标的切换。

脉冲组件使用 JavaScript 中的 Timer 定时器实现。用 setTimeout 函数设置电平跳变的时间间隔以及跳变时要调用的处理函数。脉冲组件启动之后,经过指定的时间间隔,会自动调用源器件响应函数,实现输出电平的转换,并且初始化下一个 timer、启动下一次的电平跳变。

2) 电路图绘制模块

电路绘制模块的主要任务是根据鼠标拖放的位置,在实验电路区域显示组件和连接线,并为组件和连接线绑定鼠标事件的处理函数。

当实验者从工具箱拖曳某种组件到实验电路区域时,电路绘制模块会自动生成该组件的一个对象,并按照类中给定的外形属性绘制其图标。当实验者将鼠标从一个引脚拖放到另一个引脚时,该模块会自动计算并绘制引脚间的连接折线,并把连接线信息保存到组件对象中。拖动组件时,该模块会修改组件的位置参数,实现组件的移动,同时重画与其相连的所有连接线。

该模块主要包括如下函数。

```
function Circuit(){
/*在指定位置(X,Y)处画出实验组件 c*/
this.addComponent= function(parentId,c,X,Y){...}
```

```
/*生成一条连接线*/
function lineCreate(paintDiv,X1,Y1,X2,Y2) {...}
/*生成连接线时,从起始引脚往目标引脚拖动的过程中,线的自动变化*/
function lineChange(line,X1,Y1,X2,Y2) {...}
/*生成连接线时,鼠标到达目标引脚后,调整定位连接线*/
Function lineAdjust(line,startPin,endPin) {...}
/*拖动组件c时,更新其所有连接线*/
this.lineReplace= function(c) {...}
/*删除连接线*/
function lineDelete(line) {...}
/*删除组件c以及与组件c相连的所有连接线*/
function componentDelete(c) {...}
...
};
```

3) 组件调度模块

实验电路是由多个功能相对独立的组件组成,当一个组件运行时,该组件执行自己的功能方法,并将结果输出到下一级组件,下一级组件工作后再把结果输出到下级组件,电平信号就这样在电路中传递和扩散,直到没有新的信号生成。设计的难点在于怎样让众多组件协调有序地逐级工作。

此模块在实现上有两个选择,一是采用多线程技术;二是使用单线程方法。由于JavaScript是单线程的,因此本系统采用了单线程方法。

本模块使用队列实现组件调度,如图 B-3 所示。当电源按钮按下时,遍历所有组件,将满足运行条件的组件入队,然后从队头取出第一个组件执行,按组件的输出结果依次修改与其相连的下级组件输入引脚的值,并判断下级组件是否达到运行条件,如果达到运行条件且不在队尾则入队,如此直到队列为空。

除了电源按钮的单击事件会启动组件调度过程以外,在实验进行中,源器件的鼠标单击事件或 Timer 事件也会触发组件调度过程。该模块的主要属性和方法定义如下。

```
function Dispatch(Circuit){
//已达到运行条件、等待运行的组件队列
varworkQueue = [];
/*初始化队列,将满足运行条件的组件入队*/
this.initQueue = function () {...};
/*运行组件c,修改其下级组件所有输入引脚值,并将达到运行条件的组件入队*/
function cRun(c) {...};
/*依次运行队列中的所有组件*/
this.runCircuit = function () {...};
/*源器件触发事件处理*/
this.sourceTrigger = function (c) {...};
...
};
```

其中,源器件触发事件处理函数是当开关、脉冲等源器件被单击或 Timer 被触发时被系统自动调用的。此函数会更新源器件的值,并将其加入队列,然后启动 runCircuit 函数。

该算法简明有效,避免了多线程中读写共享资源的冲突,无须使用锁机制。

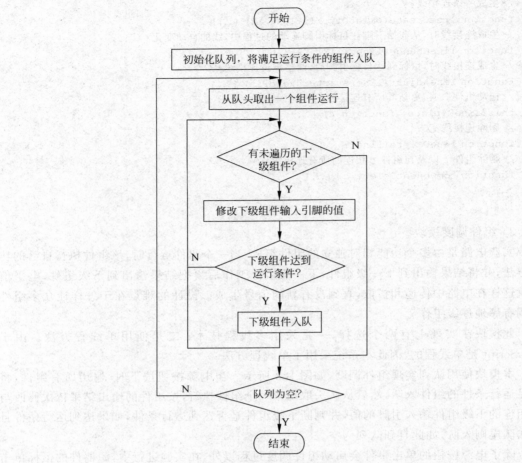

图 B-3 组件调度流程图